KB173035

# 허블이 들려주는 우주 팽창 이야기

허블이 들려주는 우주 팽창 이야기



초 판 1쇄 발행일 | 2005년 9월 30일
개정판 1쇄 발행일 | 2010년 9월 1일
개정판 12쇄 발행일 | 2021년 5월 31일

지은이 | 정완상
펴낸이 | 정은영
펴낸곳 | (주)자음과모음

출판등록 | 2001년 11월 28일 제2001-000259호
주 소 | 04047 서울시 마포구 양화로6길 49
전 화 | 편집부 (02)324-2347, 경영지원부 (02)325-6047
팩 스 | 편집부 (02)324-2348, 경영지원부 (02)2648-1311
e-mail | jamoteen@jamobook.com

ISBN 978-89-544-2059-4 (44400)

• 잘못된 책은 교환해드립니다.

# 허블이 들려주는 우주 팽창 이야기

| 정완상 지음 |

(주)자음과모음

# 허블을 꿈꾸는 청소년들을 위한 '우주 팽창' 이야기

허블은 최초의 외부 은하인 안드로메다은하를 발견하고 우주가 팽창한다는 사실을 처음으로 알아낸 천문학자입니다. 그는 우주의 팽창 속도가 은하 사이의 거리에 비례한다는 유명한 허블의 법칙을 발표했는데, 이때 비례 상수인 허블 상수의 역수는 우주의 나이를 결정합니다.

이 책에서는 우주론의 역사부터 우주 팽창 이론까지 자세히 다루었습니다. 빅뱅 우주론과 정상 우주론을 비교하고, 빅뱅 이론이 왜 옳은 이론이 되었는지에 대해서 썼으며, 빅뱅 뒤에 일어난 거대한 팽창인 인플레이션에 대해서도 알기 쉽게 꾸몄습니다.

그리고 책의 마지막 부분에는 우주 팽창에 대한 모든 내용을 복습할 수 있도록 SF 영화처럼 재미있는 창작 동화 '에디와 메르쿠'를 실었습니다.

이 책은 우주 팽창에 관한 모든 과학적인 내용을 허블이 강의하는 방식으로 진행하였습니다. 마치 허블 교수가 실제로 한국의 청소년들에게 강의하는 것처럼 생동감 있게 수업을 하는 모습으로 꾸몄습니다. 그러므로 장래 천문학자가 되고 싶어 하는 많은 청소년들이 이 책을 읽고 꿈을 키워 나갔으면 좋겠습니다.

마지막으로 이 책의 원고를 교정해 주고, 부록 동화에 대해 함께 토론하며 좋은 책이 될 수 있게 도와준 (주)자음과모음의 편집부 직원들에게 고맙다는 말을 전하고 싶습니다. 그리고 이 책이 나올 수 있도록 물심양면으로 도와준 강병철 사장님에게 감사를 드립니다.

정 완 상

# 차례

**부록**

첫 번째 수업

1

# 아주 옛날 사람들의 우주

아주 옛날 사람들은 우주를 어떻게 생각했을까요?
천동설과 지동설에 대해 알아봅시다.

1

첫 번째 수업

# 아주 옛날 사람들의 우주

| | | |
|---|---|---|
| 교. | 초등 과학 5-2 | 7. 태양의 가족 |
| 과. | 중등 과학 2 | 3. 지구와 별 |
| 연. | 중등 과학 3 | 7. 태양계의 운동 |
| 계. | 고등 지학 I | 3. 신비한 우주 |
| | 고등 지학 II | 4. 천체와 우주 |

## 허블이 학생들에게 우주에 대한 생각을 물어보며 첫 번째 수업을 시작했다.

여러분은 우주를 보면 어떤 생각이 드나요? 나는 이런 의문이 들어요.

우주는 얼마나 클까?

우주는 끝이 있을까?

우주는 몇 살일까?

이제부터 우주에 대한 모든 의문을 벗겨 보도록 하겠습니다. 우주에 대한 궁금증은 현대인에게만 있는 것이 아닙니

다. 동양과 서양을 막론하고 기원전 이전부터 많은 과학자들의 호기심을 불러일으켰지요.

우주에 대한 신화 중에서 가장 오래된 것은 기원전 3000년 이전 고대 바빌로니아 사람들이 남긴 신화입니다. 바빌로니아는 지금의 중동 지역에 있는 티그리스 강과 유프라테스 강 하류 지역으로 고대 문명, 메소포타미아 문명의 발상지입니다.

그들은 세계의 중심은 그들이 사는 대륙이고, 세계의 끝은 높은 산으로 둘러싸여 있다고 생각했습니다. 그리고 하늘을 덮는 둥근 천장이 세계를 덮고 있기 때문에 태양은 그 둥근 천장을 가로질러 동쪽에서 떠오른다고 생각했습니다.

## 천동설의 시작

우리는 지구가 태양 주위를 돌고 있다는 것을 잘 알고 있습니다. 하지만 옛날 사람들은 지구가 우주의 중심이라고 생각했지요. 이렇게 지구를 중심으로 태양을 비롯한 다른 행성들이 지구 둘레를 돈다고 믿는 이론을 천동설이라고 부릅니다.

천동설은 그리스의 철학자인 아리스토텔레스(Aristoteles, B.C.384~B.C.322)로부터 시작되었습니다. 그는 그때까지 알려

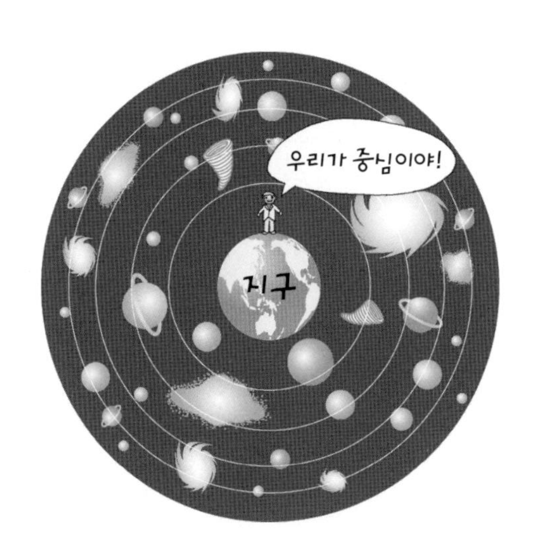

진 우주에 대한 모든 사실들을 정리하여 '천구'라 부르는 우주 모형을 생각해 냈습니다.

그럼 이제 '천구'에 대해 알아볼까요?

아리스토텔레스는 우주가 9개의 천체로 이루어져 있다고 생각했습니다. 아리스토텔레스가 생각한 9개의 천체는 태양, 달, 지구, 수성, 금성, 화성, 목성, 토성, 항성천입니다. 아리스토텔레스는 이들 중 지구는 중심에 있고, 다른 8개의 천체는 지구의 주위를 돌고 있다고 생각했지요. 이것이 바로 천구입니다.

아리스토텔레스가 생각한 항성천이란 뭘까요?

아리스토텔레스는 우주의 끝이 있다고 생각했으며 그 끝을 항성천이라고 불렀습니다. 항성천을 다른 말로는 천구라고도 부르지요. 아리스토텔레스는 지구가 돌지 않고 단지 항성천이 돌기 때문에 항성천에 붙어 있는 별자리가 움직이는 것으로 생각하였지요.

허블은 민재를 가운데 앉아 있게 하고 다른 학생들에게 민재 둘레에 커다란 원 모양의 띠를 돌리게 했다. 띠에는 여러 가지 빛깔의 별 스티커로 만든 별자리들이 붙어 있었다. 별자리들은 민재를 중심으로 회전했다.

민재를 지구라고 생각하고 커다란 원형 띠를 항성천이라고 생각하면 되지요.

한편 그리스의 데모크리토스(Democritos, B.C.460~B.C.370)는 천구를 지지했는데, 항성천 바깥에 물질이 없다고 생각했습니다. 그는 이렇게 물질이 없는 곳을 진공이라고 불렀지요.

아리스토텔레스가 죽은 지 500년이 지난 후 그리스의 천문학자 프톨레마이오스(Claudios Ptolemaeos, 85?~165?)는 《알마게스트》라는 책을 통해 천동설을 주장했습니다.

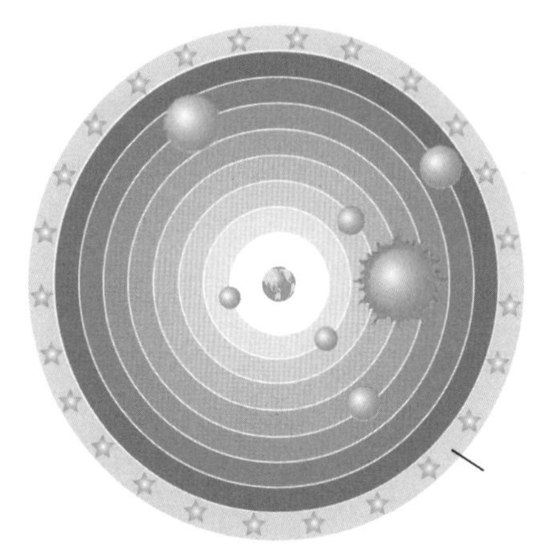

프톨레마이오스의 천동설

## 지동설

지구가 둥글다고 처음 주장한 사람은 피타고라스의 정리로 유명한 수학자 피타고라스(Pythagoras, B.C.580~B.C.500)입니다. 또한 그의 제자인 필롤라오스(Philolaos)는 '지구가 움직인다'는 생각을 처음으로 했지요.

고대 그리스 시대에 중요한 사건은 기원전 265년, 에라토스테네스(Eratosthenes, B.C.276?~B.C.194?)가 지구가 공 모양이라는 것을 증명한 것이었지요.

에라토스테네스는 한 걸음 더 나아가 지구의 반지름을 최초로 계산했어요.

필롤라오스의 생각은 아리스타르코스(Aristarchos, B.C.310~B.C.230)에 의해 계승되었지요.

아리스타르코스는 태양이 우주 중심에 정지해 있고, 그 주위에는 지구를 포함한 행성이 돌고 있으며, 별은 멀리 떨어져 있어 한 점으로 보인다고 생각했어요.

그러나 그리스 시대에는 아리스토텔레스의 구천설이 지배적인 이론이었기 때문에 이러한 생각들은 무시되었지요.

그 후 중세에 와서 폴란드의 코페르니쿠스(Copernicus, 1473~1543)는 그리스 시대의 문헌들을 토대로 별들의 위치나

행성들의 운동을 관찰했습니다. 당시는 망원경이 아직 발명되지 않은 시대였으므로 코페르니쿠스는 직접 눈으로 관측을 했지요.

그런데 천동설에 의해 계산된 별의 위치와 코페르니쿠스가 관측한 위치는 조금씩 달랐던 거예요. 코페르니쿠스가 태양을 중심으로 행성들이 돈다고 가정하고 다시 계산해 보았더니 정확하게 위치가 일치했던 거죠.

천동설은 행성이 거꾸로 도는 것을 설명할 수 없었어요. 행성들은 대개 남쪽 하늘을 바라보았을 때 서에서 동으로 도는데 가끔씩 행성이 동에서 서로 도는 현상이 관측되었지요. 코페르니쿠스는 태양 중심의 우주 모형을 세우고, 이러한 현상은 행성과 태양과의 거리가 다르고 지구가 먼 거리에 있는 행성보다 더 빨리 태양 주위를 돌기 때문에 일어나는 일이라고 생각했지요.

## 만화로 본문 읽기

와, 드디어 우주여행을 하다니 꿈만 같아요.
놀러 온 거 아니거든! 우주에 대해 공부하러 온 거잖아.
하하하, 영희 말도 맞지만 이렇게 우주여행을 하게 되다니 아빠도 좀 들뜨는구나.

철수 너, 이 우주가 어떻게 생겼는지는 알아?
우주? 뭐 그러니까 지구가 있고, 태양이나 달, 다른 행성들이 지구 주위를 돌고 있는 모양이잖아.
달
태양
지구
그건 천동설이구나. 옛날 사람들은 그렇게 생각하기도 했지만, 지구가 태양을 중심으로 돌고 있는 거란다.

그럼 그때 사람들은 우주가 어떻게 생겼다고 생각했나요?
아리스토텔레스는 우주가 아홉 개의 천체, 즉 태양, 달, 지구, 수성, 금성, 화성, 목성 토성, 항성천으로 이루어져 있고, 그 중심에 지구가 있다고 생각했지. 이것이 바로 구천설이라 부르는 우주 모형이란다.
태양
지구
달
금성
수성
목성
화성
토성
항성천

그런데 거기서 항성천이란 뭔가요?
아리스토텔레스는 우주의 끝이 있다고 생각했는데, 그 끝을 항성천이라고 불렀지.

하지만 천동설은 행성이 거꾸로 도는 것을 설명할 수 없었어. 그래서 코페르니쿠스는 태양 중심의 우주 모형을 세웠지. 즉 행성이 거꾸로 도는 현상은 행성들이 태양 주위를 돌기 때문에 일어나는 일이라고 생각했지.

결국 코페르니쿠스에 이르러 현실에 가까운 우주 모형이 만들어진 거야.
흠, 그랬구나.

두 번째 수업 2

# 무한 우주

우주는 유한할까요, 무한할까요?
무한 우주에 대해 알아봅시다.

2

두 번째 수업

# 무한 우주

| | | |
|---|---|---|
| 교. | 초등 과학 5-2 | 7. 태양의 가족 |
| 과. | 중등 과학 2 | 3. 지구와 별 |
| 연. | 중등 과학 3 | 7. 태양계의 운동 |
| 계. | 고등 지학 I | 3. 신비한 우주 |
| | 고등 지학 II | 4. 천체와 우주 |

## 우주의 끝에 관한 이야기로 허블이 두 번째 수업을 시작했다.

우주는 끝이 있을까요? 끝이 있는 것을 다른 말로 '유한하다'고 하고, 그 반대로 끝이 없는 것을 '무한하다'고 하지요.

그렇다면 우주는 유한 우주일까요, 아니면 무한 우주일까요? 이 문제는 아주 오랫동안 과학자들을 괴롭혀 왔어요.

코페르니쿠스의 지동설이 발표된 뒤 브루노(Giordano Bruno, 1548~1600)라는 이탈리아의 물리학자는 갈릴레이(Galileo Galilei, 1564~1642)와 함께 지동설을 지지했지요. 브루노는 갈릴레이와 피사 대학 교수 자리를 놓고 경쟁을 벌였

던 아주 유명한 철학자입니다.

브루노는, 우주는 끝을 생각할 수 없는 무한 우주라고 주장했어요. 또한 그는 우주가 무한할 뿐만 아니라 균일하며, 신이 우리 공간에 하나의 우주를 만들었다면 다른 곳에도 다른 우주를 만들었을 것이라고 주장했지요. 이 주장은 로마 교황청의 미움을 샀고, 브루노는 결국 1600년 2월 17일에 성직자들에 의해 잔인하게 화형당했지요.

브루노 이후에 무한 우주를 주장한 사람은 데카르트(René Descartes, 1596~1550)와 뉴턴(Lsaac Newton, 1642~1727)이에요. 하지만 두 사람의 우주에 대한 생각에는 조금 다른 점이 있었답니다.

데카르트는 태양이나 지구와 같이 우주에 있는 많은 천체들이 서로 떨어지지 않고 지구가 태양 주위를 도는 현상에 대해 다음과 같이 말했습니다.

> 우주의 천체와 천체 사이에는 플레넘(Plenum)이라는 물질이 가득 차 있고, 천체들이 움직이면 이 플레넘들도 운동을 하게 되어 그 영향력이 우주 전체로 퍼져 나간다.

데카르트는 왜 그렇게 생각했을까요? 그것은 데카르트가 힘의 정의를 알지 못했기 때문이에요.

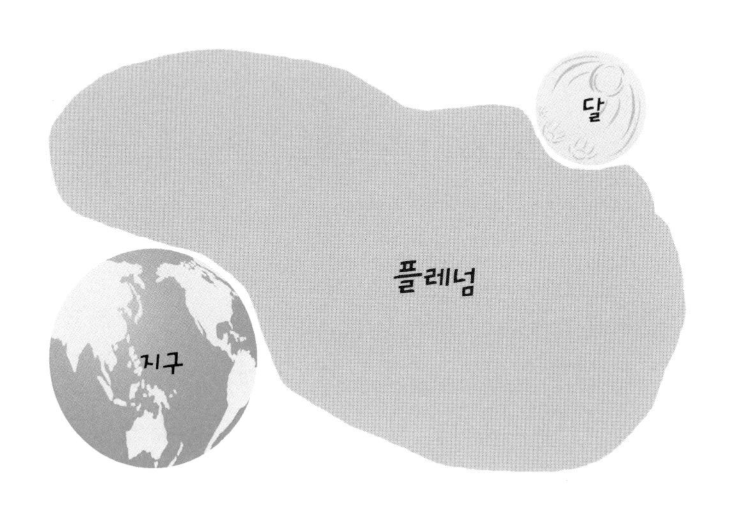


허블은 미희와 영남이를 불러 서로 공을 주고받게 했다.

두 사람이 공 받기 놀이를 하고 있지요? 공 받기 놀이를 하려면 두 사람이 필요합니다. 이렇게 힘이란 두 물체 사이의 상호 작용을 필요로 하므로 반드시 두 물체가 있어야만 정의되지요.

데카르트가 플레넘이라는 물질을 주장한 것은 떨어져 있는 두 물체는 서로에게 영향을 주지 않는다고 생각했기 때문입니다.

하지만 이 점에 대한 뉴턴의 생각은 달랐지요. 뉴턴은 두 물체가 떨어져 있어도 그 거리의 제곱에 반비례하고 두 물체의 질량의 곱에 비례하는 힘이 작용하므로 두 물체 사이에 같은 물질이 있을 필요가 없다고 생각했지요.

그러니까 데카르트가 생각한 무한 우주는 별과 같은 천체들 사이에 눈에 보이지 않는 플레넘으로 가득 차 있는 우주이지요.

그에 비해 뉴턴은 3차원 공간이 곧 우주이고 그 공간이 제한되면 우주가 붕괴하므로 우주는 무한해야 한다고 생각했습니다. 만일 우주가 유한하다면 우주에 질량을 가진 천체들은 만유인력 때문에 서로 달라붙어 우주가 붕괴될 것이므로 우주는 무한해야 한다는 것이지요. 이것이 바로 뉴턴의 무한 우주론입니다.

## 만화로 본문 읽기

와, 정말 우주는 끝이 없는 것 같아.
흠, 그럴까? 어떤 의미로는 맞는 말이긴 해. 옛날에도 막연히 그렇게 생각한 사람이 있었지.
아, 브루노 말이구나.

브루노요?
응. 브루노는 우주는 끝을 생각할 수 없는 무한 우주라고 주장했었지. 또한 신이 다른 곳에도 다른 우주를 만들었을 것이라고 주장했어. 이 주장 때문에 성직자들에 의해 잔인하게 화형당하고 말았단다.
우주는무한하다
미친 놈…

틀린 말도 아닌데 화형까지 당하다니, 참 불쌍하네요.
슬픈 일이지. 아무튼 그 후 데카르트와 뉴턴도 무한 우주를 주장했는데, 두 사람의 생각에는 조금 다른 점이 있었지.
우주는 무한 하다

데카르트는 우주에 있는 많은 천체들이 서로 떨어지지 않고 태양 주위를 도는 현상에 대해, 우주의 천체와 천체 사이에는 플레넘이라는 물질이 가득 차 있기 때문이라고 생각했지.
지구
플레넘
태양

플레넘은 필요 없어!
하지만 뉴턴의 생각은 달랐지. 두 물체가 떨어져 있어도 그 거리의 제곱에 반비례하고 두 물체의 질량의 곱에 비례하는 힘이 작용하므로, 플레넘 같은 물질이 있을 필요가 없다고 생각한 것이지.
달
지구

뉴턴은 3차원 공간이 곧 우주이고, 그 공간이 제한되면 우주가 붕괴하므로 우주는 무한해야 한다고 생각했단다.
뉴턴의 주장이 더 설득력이 있네요.

세 번째 수업 3

# 빛의 도플러 효과

멀어지는 빛의 파장은 어떻게 달라질까요?
도플러 효과에 대해 알아봅시다.

3

세 번째 수업

# 빛의 도플러 효과

| 교.<br>과.<br>연.<br>계. | | |
|---|---|---|
| | 초등 과학 5-2 | 7. 태양의 가족 |
| | 중등 과학 2 | 3. 지구와 별 |
| | 중등 과학 3 | 7. 태양계의 운동 |
| | 고등 지학 I | 3. 신비한 우주 |
| | 고등 지학 II | 4. 천체와 우주 |

# 허블의 세 번째 수업은 빛의 도플러 효과에 대한 내용이었다.

허블은 한쪽을 벽에 줄을 고정하고 조금 떨어져서 줄을 살살 흔들었다.

줄에 파동이 만들어졌지요?

파동은 이렇게 각 지점이 오르락내리락하면서 옆으로 퍼져 나가는 것을 말합니다. 이때 각 지점이 오르락내리락하는 것을 진동이라고 합니다. 즉, 파동이란 각 지점의 진동이 옆으로 전해지는 것이지요.

지금 여러분이 보고 있는 파동은 줄이 만들었습니다. 이렇게 파동을 만드는 물질을 매질이라고 합니다. 예를 들어, 물에 던진 돌멩이가 수면에 파동을 만들었을 때 그 파동의 매질은 물입니다.

파동에서 가장 높은 지점을 마루, 가장 낮은 지점을 골이라고 합니다. 또한 마루와 마루 사이의 거리 혹은 골과 골 사이의 거리를 파동의 길이라는 뜻으로 파장이라고 합니다.

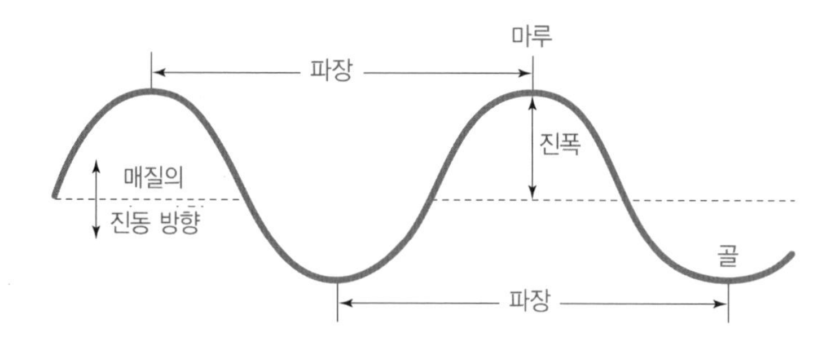


이제 파장이 조금 짧은 파동을 만들어 보겠습니다.

허블은 줄을 빠르게 위아래로 흔들었다.

파장이 짧아졌지요? 빠르게 흔들었다는 것은 그만큼 큰 에너지를 주었다는 것을 말합니다. 이렇게 큰 에너지를 받은 파동의 에너지는 크지요. 즉, 큰 에너지를 가진 파동은 파장이 짧아집니다.

## 파동으로서의 빛

빛은 파동입니다. 그럼 빛의 매질은 뭘까요? 놀랍게도 빛은 매질이 없는 파동입니다. 태양에서 오는 빛은 지구로 옵니다. 그런데 태양과 지구 사이에는 물질이 없지요? 그러니까 빛은 매질이 없어도 진행되는 파동입니다.

그럼 빛은 파동에 따라 어떻게 달라질까요? 모든 파장의 빛을 우리가 볼 수 있는 것은 아닙니다. 우리가 볼 수 있는 빛을 가시광선이라고 하는데, 이는 파장에 따라 빨주노초파남보의 7가지 색깔로 나누어집니다.

이 가운데 빨간빛은 파장이 제일 길고, 보라 쪽으로 갈수록 짧아지지요. 즉, 파장이 긴 빨간빛은 보랏빛에 비해 에너지가 매우 작습니다.

눈에 보이지 않는 빛도 있을까요? 있습니다. 빨간빛보다 파장이 긴 빛은 우리 눈에 보이지 않는데, 그 빛을 적외선이라고 부릅니다. 적외선은 우리 몸을 따뜻하게 만들어 주기 때문에 열선이라고 부르지요.

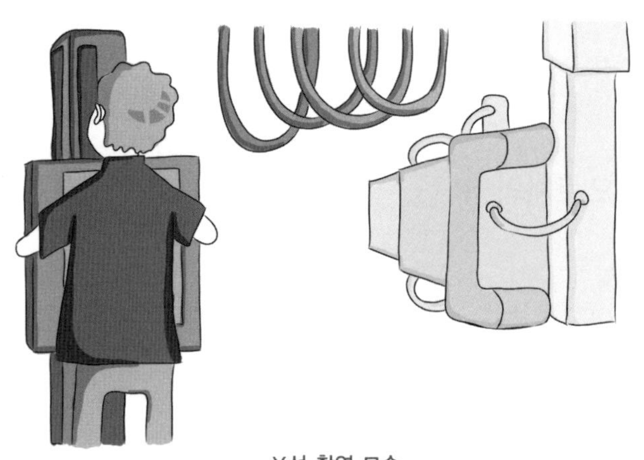

**X선 촬영 모습**

X선은 치료를 위해 인체 내부를 찍는 데 사용된다.

반대로 보랏빛보다 파장이 짧아 눈에 보이지는 않는 빛을 자외선이라고 부르고, 자외선보다 파장이 더 짧아지면 X선, 감마선이 되지요. X선과 감마선은 투과력이 강해 두꺼운 종이를 뚫고 지나갈 수 있기 때문에 방사선이라고도 부릅니다.

## 도플러 효과

이제 도플러 효과에 대해 알아봅시다.

음파(소리)의 경우를 생각해 보죠. 소리는 파장이 짧아질수록 높은 음이 됩니다. 음악을 틀어 놓고 달리는 오토바이에서 들리는 노래는 오토바이가 멀어지면 파장이 긴 음인 낮은

음으로 들리고, 오토바이가 가까이 다가오면 파장이 짧은 음인 높은 음으로 들립니다.

이렇게 관측자로부터 멀어지는 파동은 파장이 길어지고 가까워지는 파동은 파장이 짧아진다는 것이 도플러 효과입니다. 이때 파장이 얼마나 길어지는가 또는 짧아지는가를 알면 이 파동이 멀어지거나 가까워지는 속도를 정확하게 알 수 있습니다.

빛도 파동이므로 도플러 효과가 나타납니다. 빛이 관측자로부터 멀어지면 파장이 긴 빛인 빨간빛으로 관측되고, 가까워지면 파장이 짧은 보랏빛으로 관측되지요.

## 만화로 본문 읽기

아빠, 저 멀리 있는 별은 너무 멀어서 갈 수도 없을 텐데 어떻게 거리를 알 수 있을까요?
그건 도플러 효과를 이용해서 관측만으로도 알 수가 있단다.

도플러 효과요?
태양에서 오는 빛은 매질이 없는 파동이란다. 빛에서는 파장에 따라 여러 가지의 빛이 나오는데, 그중 우리가 볼 수 있는 빛을 가시광선이라고 한단다.

이 가운데 파장이 제일 긴 빨간빛보다 파장이 긴 빛을 적외선, 파장이 가장 짧은 보랏빛보다 파장이 짧은 빛을 자외선이라고 부르는 것이지.
그 정도는 저도 알아요. 그런데 도플러 효과는 뭐냐고요?


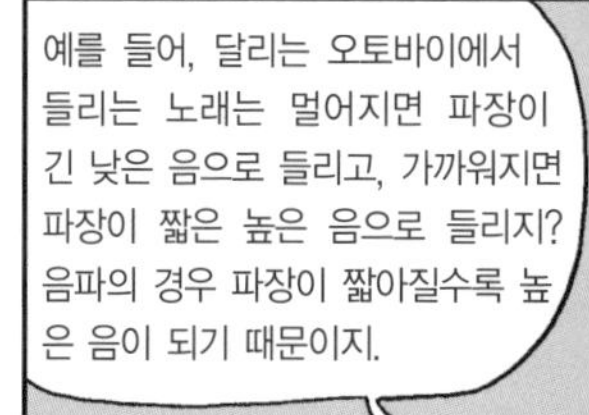

예를 들어, 달리는 오토바이에서 들리는 노래는 멀어지면 파장이 긴 낮은 음으로 들리고, 가까워지면 파장이 짧은 높은 음으로 들리지? 음파의 경우 파장이 짧아질수록 높은 음이 되기 때문이지.
높은 음
낮은 음
부~웅

이처럼 관측자로부터 멀어지는 파동은 파장이 길어지고, 가까워지는 파동은 파장이 짧아진다는 것이 도플러 효과란다. 이때 파장의 길이를 알면 파동이 멀어지거나 가까워지는 속도를 정확하게 결정할 수 있지.
아, 그 효과를 이용하는 것이군요.

그래. 빛도 파동이어서 도플러 효과가 나타나니까, 관측자로부터 멀어지면 파장이 긴 빨간빛으로 관측되고 가까워지면 파장이 짧은 보랏빛으로 관측되지. 이 점을 이용해 거리를 알 수 있는 것이지.
이제야 알 것 같아요.

네 번째 수업

4

# 올베르스의 역설

밤하늘은 왜 어두울까요?
올베르스의 역설에 대해 알아봅시다.

4

네 번째 수업

# 올베르스의 역설

| 교과연계 | | |
|---|---|---|
| | 초등 과학 5-2 | 7. 태양의 가족 |
| | 중등 과학 2 | 3. 지구와 별 |
| | 중등 과학 3 | 7. 태양계의 운동 |
| | 고등 지학 I | 3. 신비한 우주 |
| | 고등 지학 II | 4. 천체와 우주 |

# 허블이 학생들을 높은 산으로 데리고 가서 네 번째 수업을 시작했다.

그날 밤은 그믐이라 달빛이 없어 어두웠다. 하지만 오염이 없어서인지 도시에서보다 많은 별들을 볼 수 있었다. 허블이 밤하늘이 어두운 이유를 묻자, 학생들은 아무 대답도 하지 못했다. 당연한 것을 묻는다고 생각했기 때문이었다.

만일 우주가 무한하다면 우주는 무한히 많은 별을 가질 것입니다. 그렇다면 우리가 어느 방향을 보든지 적어도 하나의 별을 보게 됩니다.

그렇다면 이상하군요. 모든 방향에 별빛이 있다면 밤하늘

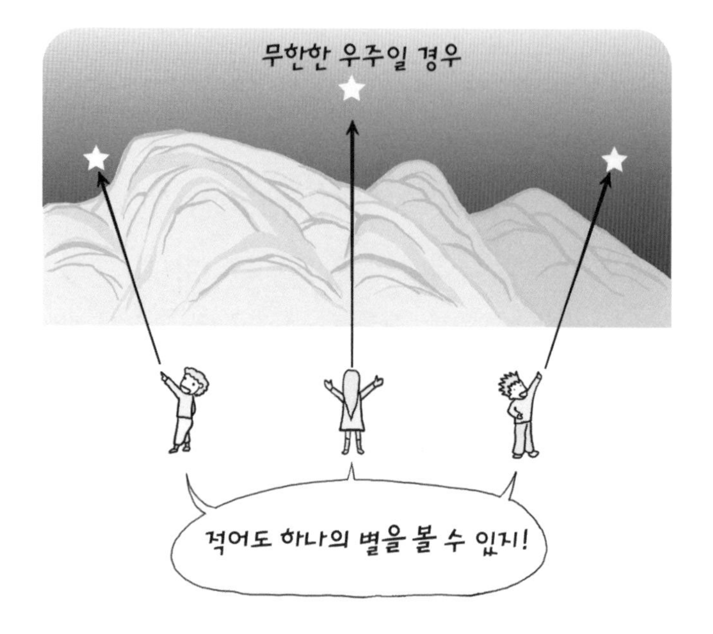


이 어두울 리가 없잖아요? 이처럼 알쏭달쏭한 문제를 역설(패러독스)이라고 하는데, 이 질문을 처음 던진 과학자가 올베르스(Olbers, 1758~1840)이므로 이를 올베르스의 역설이라고 부릅니다.

이 문제는 우주가 유한한가, 무한한가에 대한 논쟁을 불러 일으켰습니다. 우주가 유한하기 때문에 밤하늘이 어둡다고 주장한 과학자는 타원 법칙으로 유명한 케플러(Johannes Kepler, 1571~1630)입니다. 그는 밤하늘의 어두운 부분은 검은 벽으로 둘러싸인 우주의 경계이고, 그 밖에는 물질이 전

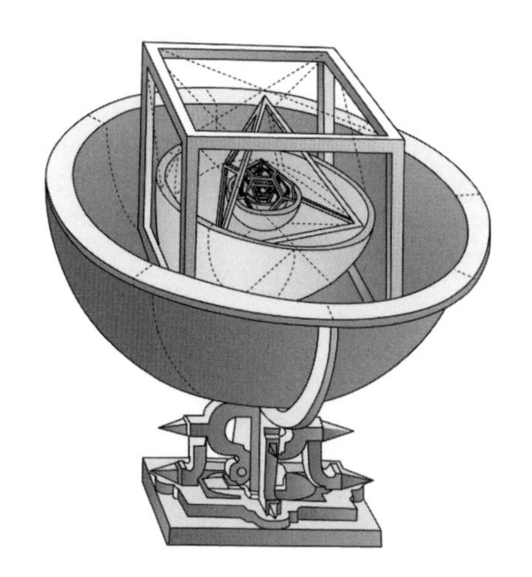

케플러의 우주 모형

혀 없다고 생각했습니다.

헬리 혜성을 발견한 것으로 유명한 헬리(Edmund Halley, 1656~1742)는 케플러와 다른 주장을 했습니다. 그는 밤하늘이 어두운 이유는 먼 곳에서 온 별빛이 너무 희미하여 우리 눈으로 볼 수 없기 때문이라고 생각했지요.

실제로 별빛의 세기는 지구로부터의 거리의 제곱에 반비례하기 때문에 아주 먼 곳에 있는 별빛의 세기는 아주 작아지지요. 따라서 헬리는 밤하늘의 어두운 부분을 따라가면 별빛을 만날 수 있지만 지구에서는 그 별빛을 볼 수 없다고 생각했습니다.

과연 헬리의 생각이 옳을까요? 그렇지 않습니다. 헬리의

말대로 먼 곳의 별빛이 약해지는 것은 사실입니다. 하지만 아무리 희미한 별빛이라도 모든 방향에서 빛이 온다면 모든 곳이 밝아질 수밖에 없습니다.

그 뒤 다른 주장이 나왔습니다. 그것은 먼 곳에서 온 별빛이 지구로 오면서 우주의 성간 물질(별과 별 사이의 공간에 떠 있는 극히 희박한 물질)에 모두 흡수되어 버리기 때문에 어둡다는 주장이었지요.

하지만 이 생각 역시 옳지 않습니다. 성간 물질이 별빛을 흡수하는 것은 사실이지만 곧바로 그 별빛을 다시 방출하기 때문이지요.

올베르스 역설의 다른 해결 방안으로, 우주가 팽창하기 때문이라는 주장도 있었습니다. 우주가 팽창하면 먼 곳에 있는 별은 우리로부터 점점 멀어집니다. 그러므로 도플러 효과에 의해 별빛의 파장이 점점 길어져 빨간빛을 띠다가 나중에는

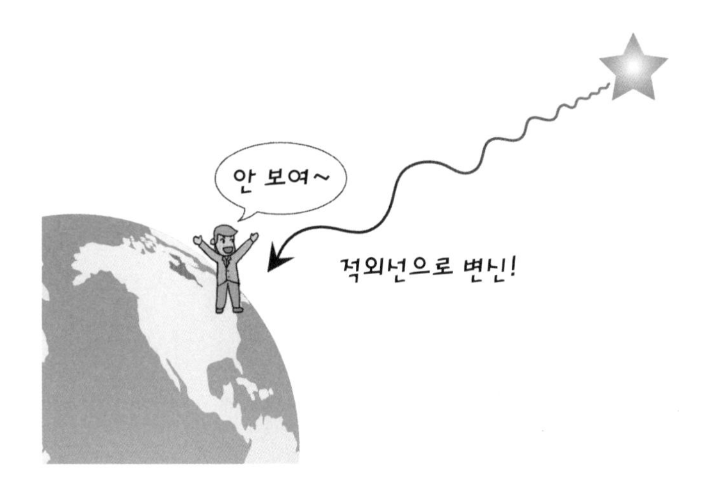


파장이 더 길어져 적외선이 되어 우리 눈에 보이지 않는다고 생각한 거지요.

하지만 이 주장도 틀린 것으로 판명되었습니다. 미국의 천문학자 해리슨이 우주가 팽창하는 속력으로는 먼 곳에서 오는 별빛을 적외선으로 바꾸지 못한다는 것을 알아냈기 때문이지요.

## 올베르스의 역설의 해결

그렇다면 올베르스의 역설은 어떻게 해결되었을까요? 그것은 바로 우주 지평선을 통해서 해결되었습니다. 그것에 대

해 알아보겠습니다.

우주는 태초로부터 계속 팽창해 지금의 크기가 되었습니다. 지금 우주의 나이는 150억 살가량이지요. 그렇다면 우주의 나이만큼 빛이 갈 수 있는 거리는 얼마나 될까요?

__ 150억 광년이오!

그렇습니다. 그래서 이 거리보다 더 멀리 떨어진 곳에 있는 별에서 나오는 별빛은 아직까지 지구에 오지 않았습니다. 즉, 아직 오고 있는 중이지요.

이렇게 지구로부터 150억 광년 이상 떨어진 곳의 별은 볼 수 없는데, 이 거리를 연결한 면을 우주 지평선이라고 부릅니다. 즉, 우주 지평선 너머의 별은 우리에게 아직 보이지 않습니다.

과학자의 비밀노트

**광년**

천체와 천체 사이의 거리를 나타내는 단위이다. 천문단위(AU) · 파섹(pc)과 더불어 멀리 떨어진 천체들 사이의 거리를 재는 데 쓰인다. 1광년은 빛이 1초에 30만 km를 1년 동안 나아가는 거리로, 1년 동안에 도달하는 거리는 약 9.46×1,012km(9조 4,670억 7,782만 km)이다. 이 거리를 1광년이라 한다. 1pc(파섹)은 약 3.26광년과 같다. 그리고 지구와 태양의 거리는 약 1억 5,000만 km로 1AU로 나타낸다.

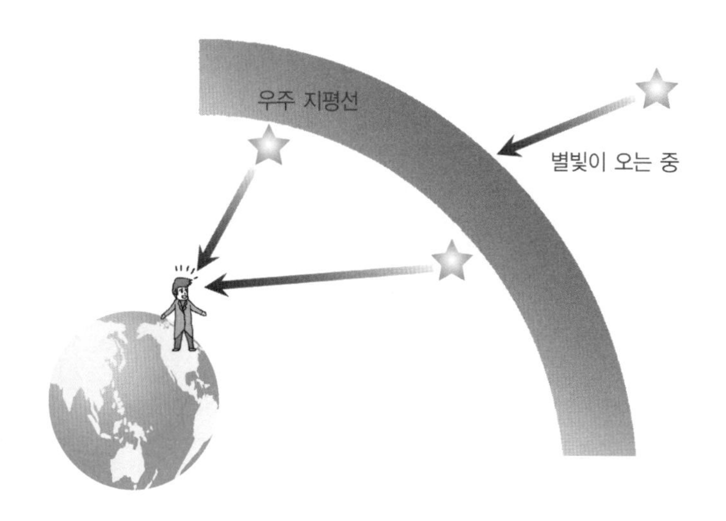


하지만 우주가 점점 더 나이를 먹어 가면 우주 지평선이 넓어질 것입니다. 그렇게 되면 지금의 밤하늘에는 어둡게만 보이는 부분에 새로운 별이 나타날 수도 있습니다.

하지만 지금 여러분이 보고 있는 별빛은 과거의 빛이므로 별들의 죽음으로 언젠가는 별자리의 모양이 많이 달라질 것입니다.

## 만화로 본문 읽기

하지만 성간 물질이 별빛을 흡수해도 곧바로 다시 방출하기 때문에 이 생각도 올바른 답은 아니었지. 그 후 우주가 팽창하기 때문이라는 주장도 있었지만 이 주장도 틀린 것으로 판명되고 말았단다.

그럼 이유가 뭔가요?

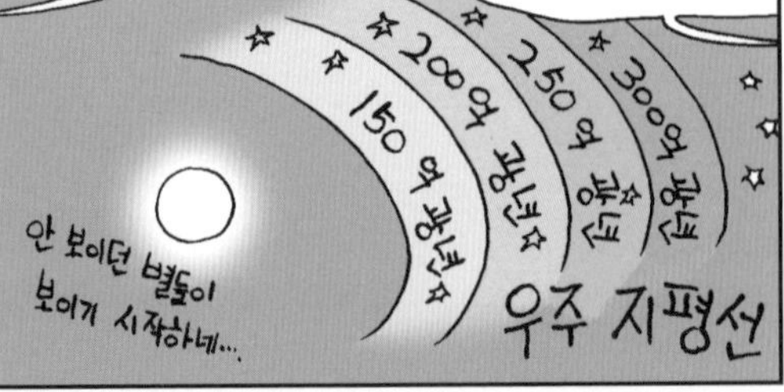

다섯 번째 수업 5

# 아인슈타인의 우주 모형

아인슈타인이 생각한 우주는 어떤 모습일까요?
아인슈타인의 우주와 프리드만의 우주에 대해 알아봅시다.

5

다섯 번째 수업

# 아인슈타인의 우주 모형

교과연계

| | | |
|---|---|---|
| 교. | 초등 과학 5-2 | 7. 태양의 가족 |
| 과. | 중등 과학 2 | 3. 지구와 별 |
| | 중등 과학 3 | 7. 태양계의 운동 |
| 연. | 고등 지학 I | 3. 신비한 우주 |
| 계. | 고등 지학 II | 4. 천체와 우주 |

## 허블이
## 우주의 팽창에 대해 알아보자며
## 다섯 번째 수업을 시작했다.

처음 우주의 모양에 대해 이야기한 사람은 아인슈타인(Albert Einstein, 1879~1955)이었습니다. 1917년에 아인슈타인은 우주가 팽창하지도, 수축하지도 않고 정지해 있다고 생각했습니다.

그런데 이상하군요. 우주는 질량을 가진 은하들로 이루어져 있습니다. 그렇다면 은하들은 만유인력에 의해 서로 달라붙지 않을까요?

이 문제에 대해 아인슈타인은 만유인력과 크기가 같은 척력(밀어내는 힘)이 있어 은하들이 달라붙지 않고 평형을 유지

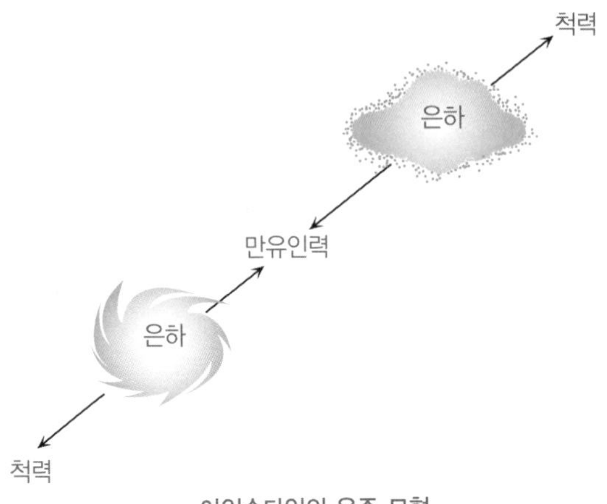


아인슈타인의 우주 모형

한다고 생각했습니다.

하지만 아인슈타인의 우주 모형은 러시아의 수학자 프리드만(Friedmann, 1888~1925)과 벨기에의 천체 물리학자 르메트르(Georges Lemaitre, 1894~1966)의 공격을 받았습니다. 아인슈타인의 우주 모형은 만유인력과 반발하는 힘이 아슬아슬하게 균형을 이루고 있어 둘 사이의 균형이 조금만 깨져도 금방 부서져 버리기 때문이지요.

이런 불안정한 우주를 싫어한 프리드만과 르메트르는 우주의 밀도에 따라 우주의 모습이 달라진다고 생각했습니다. 우주의 밀도가 작으면 우주는 영원히 팽창하고, 밀도가 크면 우주는 적당한 크기가 될 때까지 팽창하다가 그 이후부터는

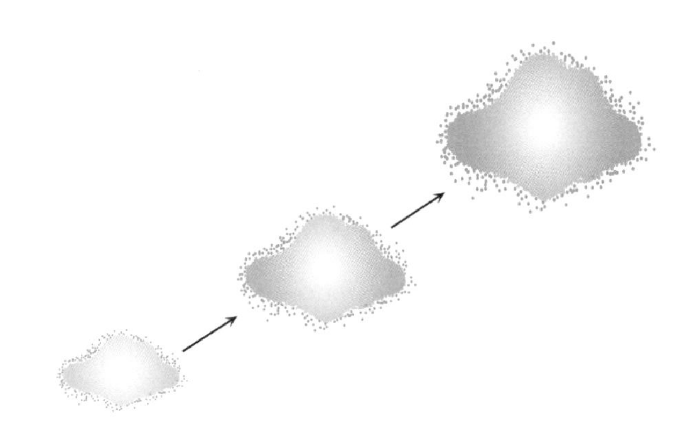

프리드만과 르메르트의 우주 모형

수축을 하게 된다고 생각한 것이죠.

이렇게 아인슈타인의 정지해 있는 우주 모형과 프리드만, 르메트르의 팽창하는 우주 모형은 팽팽하게 맞섰습니다. 하지만 이 싸움의 최후 승리자는 아인슈타인이 아닌 프리드만과 르메트르였는데, 이것은 바로 허블의 법칙 때문이었지요.

## 허블의 법칙 발견

1902년, 천문학자 레빗(Leavitt, 1868~1921)은 페루에 있는 하버드 천문대 남반구 기지에서 남반구에서만 볼 수 있는 소마젤란 성운의 사진을 살펴보았습니다.

그런데 이 성운 안에는 몇 개의 변광성이 있었습니다. 변광성이란 밝기가 주기적으로 변하는 별을 말합니다.

레빗은 이들 중 32개의 밝기가 변하는 주기를 관찰해 주기가 길수록 별이 밝다는 사실을 알아냈습니다. 레빗의 결과를 전해들은 천문학자 섀플리(Harlow Shapley, 1885~1972)는 별의 밝기가 별까지의 거리의 제곱에 반비례한다는 사실로부터 변광성의 밝기가 변하는 주기가 별까지의 거리와 관계있다는 것을 알게 되었습니다. 즉, 변광성을 이용하여 그 변광성을 포함하는 성단이나 은하까지의 거리를 알 수 있게 된 것이지요.

1920년대, 미국의 천문학자 허블은 윌슨 산 천문대에 있는 지름 2.5m의 반사 망원경을 이용하여 우주를 관측했습니다.

그는 밝기가 변하는 주기가 30일인 변광성을 발견하여 이 변광성까지의 거리를 측정했습니다. 거리는 90만 광년이었습니다. 거리는 우리 은하의 크기인 10만 광년보다 크므로 그 변광성은 다른 은하에 있다는 것을 알아냈습니다. 즉, 새로운 은하를 발견하게 된 거지요. 이것이 바로 안드로메다은하입니다.

최근 자료에 의하면 안드로메다은하까지의 거리는 약 200만 광년입니다. 하지만 당시 허블의 계산에서는 90만 광년이 나왔는데, 그것은 허블의 거리 측정법에 약간의 문제가 있었기 때문입니다.

가장 결정적인 문제는 안드로메다은하에 있는 변광성에서 방출된 빛이 안드로메다은하 속의 성간 물질들에 의해 흡수되어 실제의 밝기보다 흐르게 관측되었기 때문이었지요.

## 만화로 본문 읽기

우주가 팽창하긴 하고 있는 건가? 이렇게 봐서는 모르겠는데….
네가 그렇게 눈으로 본다고 그게 보이겠니? 그건 허블의 법칙에 의해 밝혀진 사실이라고!

하하, 너무 나무라지 말거라. 아인슈타인도 우주는 팽창하지도 수축하지도 않고 정지해 있다고 생각했으니까. 그는 만유인력과 크기가 같은 척력이 있어 은하들이 달라붙지 않고 평형을 유지하며 우주가 정지해 있다고 주장했단다.
하지만 프리드만과 르메트르의 생각은 달랐어.
은하
척력
만유인력
은하
척력

프리드만과 르메트르는 우주의 밀도가 작으면 우주는 영원히 팽창하고, 밀도가 크면 적당한 크기가 될 때까지 팽창하다가 그 이후부터는 수축을 하게 된다고 생각한 거야.
밀도가 작을 때
--> 영원히 팽창
밀도가 클 때
--> 팽창하다가 수축

물론 이 두 주장은 팽팽하게 맞섰지만, 싸움의 최후 승리자는 프리드만과 르메트르였는데, 이것은 바로 허블의 법칙 때문이었어.
허블의 법칙?

그건 별의 밝기가 별까지의 거리의 제곱에 반비례한다는 사실로부터 변광성의 밝기가 변하는 주기를 이용하여 그 변광성을 포함하는 성단이나 은하까지의 거리를 알 수 있지.

1924년 허블은 30일 주기의 변광성을 발견하여 거리를 측정하지. 그 결과 이 변광성이 다른 은하에 있다는 것을 알았단다. 그게 바로 안드로메다은하야.
앗, '은하철도 999'에 나오는 안드로메다은하 말이지?
맞긴 한데….

여섯 번째 수업

6

# 우주 팽창과 허블의 법칙

우주는 정지해 있을까요, 팽창할까요?
허블의 법칙에 대해 알아봅시다.

6

여섯 번째 수업

# 우주 팽창과 허블의 법칙

교. 초등 과학 5-2 7. 태양의 가족
과. 중등 과학 2 3. 지구와 별
연. 중등 과학 3 7. 태양계의 운동
계. 고등 지학 I 3. 신비한 우주
고등 지학 II 4. 천체와 우주

# 허블이 지난 시간의 내용을 복습하며 여섯 번째 수업을 시작했다.

우리는 지난 시간에 아인슈타인의 우주 모형과 프리드만의 우주 모형의 차이점을 알아보았습니다. 이번 시간에는 허블의 법칙을 통해 프리드만의 우주 모형이 옳다는 것을 이야기하겠습니다.

안드로메다은하의 변광성 수십 개로부터 온 별빛의 색깔이 빨간빛으로만 관측되는 까닭은 바로 도플러 효과 때문이다. 안드로메다은하가 우리 은하로부터 멀어지기 때문에 다른 색을 띠는 별빛들이 빨간빛으로 지구에서 관측되는 것이다.

은하와 은하의 사이가 멀어지고 있다는 것은 바로 프리드만이 이야기한 우주가 팽창하고 있다는 것을 뜻합니다. 허블은 이 발견으로 결국 아인슈타인과 프리드만의 논쟁에서 프리드만의 손을 들어 주게 되었습니다.

풍선을 불기 전에 풍선에 별 모양의 스티커를 몇 개 붙여 보세요. 이때 스티커와 스티커 사이의 거리는 가까워야 합니다. 하지만 풍선을 크게 불면 풍선이 팽창하면서 스티커와 스티커 사이의 거리가 멀어지지요?

스티커를 은하라고 생각하면 은하와 은하의 거리가 멀어지는 것이 우주의 팽창을 뜻한다는 것을 쉽게 알 수 있습니다.

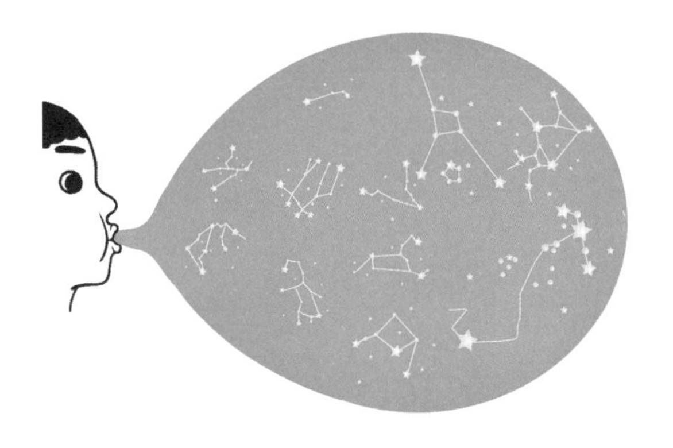

## 허블의 법칙 실험

이제 허블의 법칙에 대해 알아봅시다.

간단한 실험을 하지요.

허블은 4명의 학생들을 1m 간격으로 세웠다.

허블은 2초 동안 학생들 사이의 거리를 2m가 되게 했다.

이 학생들을 각각 은하라고 한다면 2초 동안 은하들 사이의 거리가 2배로 늘어났군요. 이것은 바로 우주의 크기가 2배로 커진 것을 의미합니다.

이렇게 하기 위해 첫 번째 학생은 제자리에 있었고, 두 번째 학생은 1m를 움직였고, 세 번째 학생은 2m를, 네 번째 학생은 3m를 움직였습니다.

학생들은 2초 동안 이 거리를 움직였으므로 학생들의 속도를 알 수 있습니다.

두 번째 학생의 속도 = 초속 0.5m

세 번째 학생의 속도 = 초속 1m

네 번째 학생의 속도 = 초속 1.5m

그러니까 첫 번째 학생으로부터 멀리 있던 학생이 움직이는 속도가 크지요? 그렇다면 팽창하기 전 첫 번째 학생으로부터 다른 학생들까지의 거리를 구해 봅시다.

두 번째 학생까지의 거리 = 1m

세 번째 학생까지의 거리 = 2m

네 번째 학생까지의 거리 = 3m

이 두 자료 사이에는 다음과 같은 정비례 관계가 있습니다.

$$0.5 = \frac{1}{2} \times 1$$

$$1 = \frac{1}{2} \times 2$$

$$1.5 = \frac{1}{2} \times 3$$

이때 비례 상수는 $\frac{1}{2}$이 되지요. 그러므로 이 비례 상수의 역수는 2입니다. 이것은 바로 학생들이 만든 우주의 크기가 두 배로 팽창하는 데 걸린 시간인 2초를 나타내지요.

## 허블의 법칙

허블은 다른 은하에 있는 별들의 밝기로부터 그 은하까지의 거리를 알 수 있었고, 그 별에서 나온 빛이 빨간빛으로 변하는 속도로부터 은하가 우리로부터 멀어지는 속도를 알 수 있었습니다.

수식으로 쓰면, 은하가 멀어지는 속도(후퇴 속도)를 $V$, 우리 은하로부터 다른 은하까지의 거리를 $r$라 하면, 앞의 실험으로부터 정비례 관계가 성립한다는 것을 알 수 있습니다.

$$V = H \times r$$

여기서 비례 상수 $H$를 허블 상수라고 부릅니다. 앞의 실험을 통해 알 수 있듯이 $H$의 역수가 바로 우주가 팽창하는 데 걸린 시간이므로 우주의 나이를 뜻합니다.

천문학에서는 별까지의 거리 단위로 파섹(pc)을 많이 쓰는데 1pc은 3.26광년입니다. 허블의 관측 결과, 허블 상수는 100만 pc당 초속 520km였습니다.

허블 상수로 우주 나이를 계산해 보니 20억 년이었습니다. 그런데 다른 방법(예를 들어, 광물의 지질학적 연령)으로 지구의 나이를 재 보면 지구의 나이는 45억 년이지요.

__그러면 지구가 먼저 태어나고 나중에 우주가 태어났다는 이야기인가요?

그렇지는 않습니다. 이런 차이는 은하 사이의 거리를 정확하게 측정할 수 없어 거리 $r$가 불확실하기 때문에 생기는 것입니다.

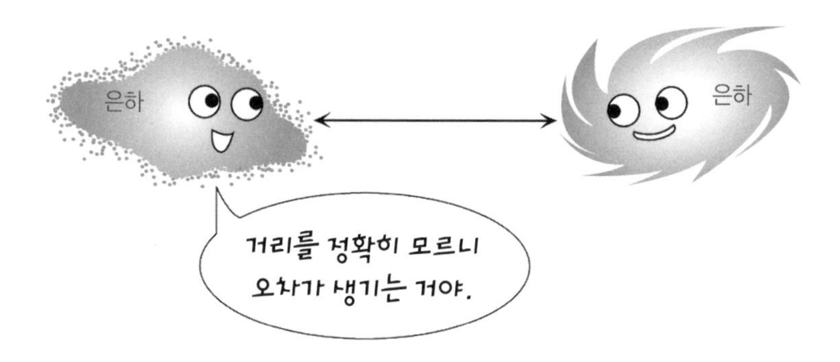


현대 허블 상수 $H$는 100만 pc당 초속 45~90km의 범위에 있다고 알려져 있습니다. 역수를 취해 우주의 나이를 재 보면 우주의 나이는 110억~ 220억 년이지요. 우리는 흔히 우주의 나이를 150억 년이라고 생각하고 있습니다.

## 만화로 본문 읽기

이 풍선을 크게 한 번 불어 봐.
풍선에 별 모양 스티커가 몇 개 붙어 있네요?

풍선을 부니까 풍선이 팽창하면서 스티커와 스티커 사이의 거리가 멀어져요.
푸우우~
스티커를 은하라고 생각하면 은하와 은하의 거리가 멀어지는 것이 우주의 팽창을 뜻한다는 것을 쉽게 알 수 있지.

아, 그렇군요.
안드로메다은하의 변광성으로부터 온 별빛이 빨간빛으로만 관측된다는 것을 알게 되었지.
그것은 바로 도플러 효과 때문이죠?

도플러 효과?
안드로메다은하가 우리 은하로부터 멀어지기 때문에 다른 색을 띠는 별빛들이 지구에서 빨간빛으로 관측되는 것이지요.
멀어져 간다
아… 그래서 빨간빛이구나.

그래서 은하와 은하의 사이가 멀어지고 있다는 것은 바로 프리드만이 이야기한 팽창하고 있는 우주를 뜻해.
그렇게 되면 아인슈타인의 우주 모형이 틀린 것이 되겠군요.
우주
우주는 팽창 중

결국 아인슈타인과 프리드만의 논쟁에서 프리드만이 이겼단다.
프리드만, 정말 대단해요.
프리드만 승!

일곱 번째 수업

7

# 빅뱅 이야기

우주는 어떻게 태어났을까요?
빅뱅 우주에 대해 알아봅시다.

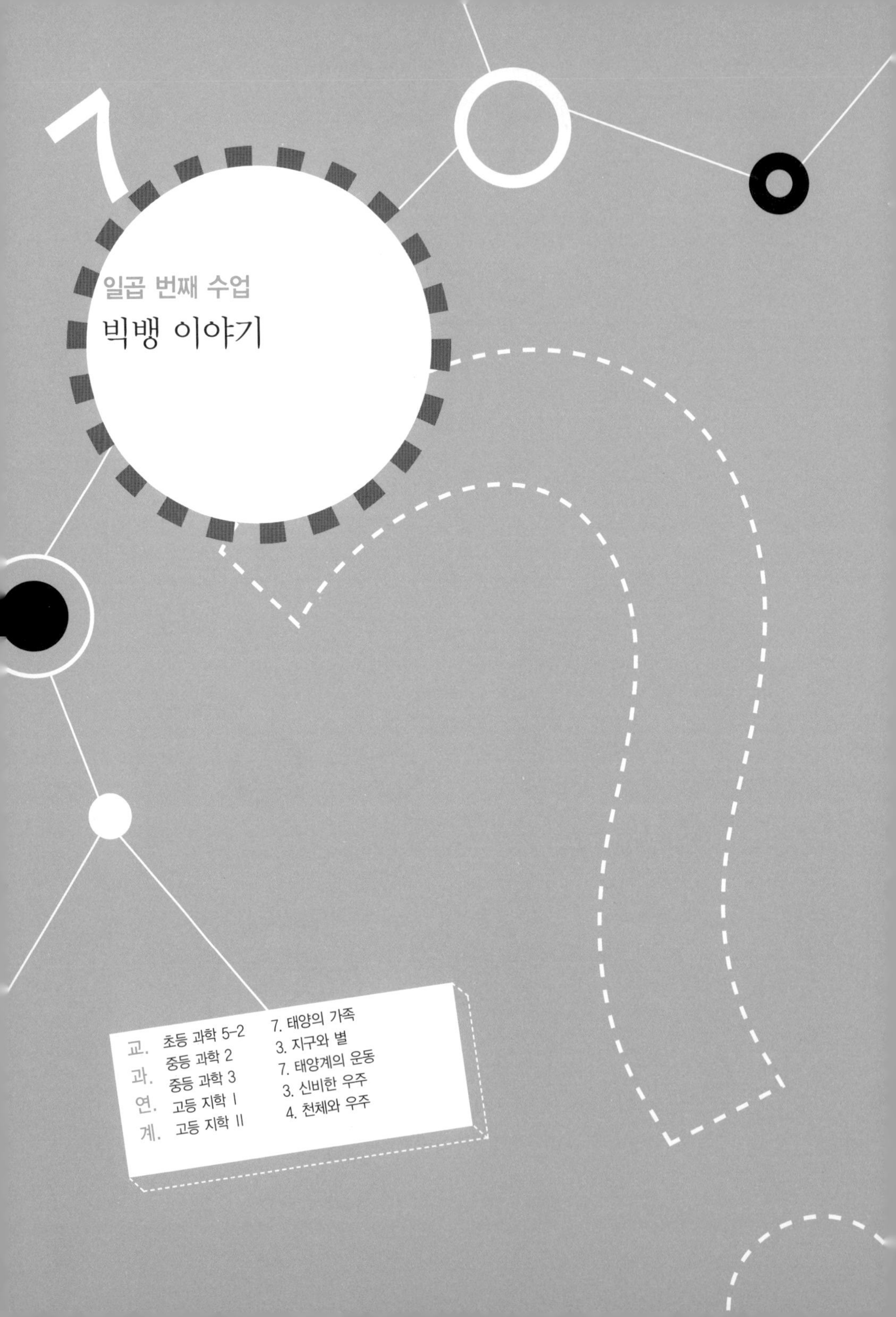
7
일곱 번째 수업
빅뱅 이야기
교. 초등 과학 5-2 7. 태양의 가족
과. 중등 과학 2 3. 지구와 별
연. 중등 과학 3 7. 태양계의 운동
계. 고등 지학 I 3. 신비한 우주
고등 지학 II 4. 천체와 우주

# 허블이 처음의 우주에 대해 이야기하며 일곱 번째 수업을 시작했다.

우리는 앞에서 우주가 팽창하고 있으며 그 증거는 은하들 사이의 거리가 점점 멀어지고 있는 것이라고 했습니다. 물론 우리 우주는 여전히 팽창하고 있습니다.

시간을 거꾸로 돌려 우주가 처음 태어났을 때로 돌아가면 어떻게 될까요? 시간을 거꾸로 돌리면서 우주의 모습을 보면, 은하들 사이의 거리가 점점 가까워지다가 결국 우주가 처음 태어났을 때는 모든 은하들이 붙어 있는 모습일 것입니다.

태초의 우주는 한 점에 우주의 전체 질량이 모여 있으므로 엄청나게 밀도가 높아집니다. 이렇게 부피가 작아지면 압력

이 엄청나게 커지게 되고 그 때문에 매우 뜨거워집니다. 그러다 압력을 이기지 못해 폭발합니다. 이것을 빅뱅이라고 부르지요. 이렇게 우주가 한 점에서 폭발하고 점점 팽창해 지금의 크기가 되었다는 이론을 빅뱅 이론이라고 부릅니다.

## 정상 우주론

우주 이론에 빅뱅 이론만 있는 것은 아닙니다. 영국의 호일(Fred Hoyle, 1915~2001)과 본디(Hermann Bondi, 1919~2005)

정상 우주론자

는 빅뱅 이론을 부정하는 새로운 우주론을 주장했습니다. 그들은 우주가 옛날에도 지금과 같은 모습이었으며 앞으로도 지금과 같은 모습을 유지할 것이라고 생각했는데, 그들의 이론을 정상 우주론이라고 부르지요.

정상 우주론에 의하면 우주는 시작도 끝도 없으므로 우주의 나이는 생각할 필요가 없습니다. 굳이 우주의 나이를 이야기하자면 무한대라고 말할 수 있습니다.

정상 우주론에서는 우주의 팽창을 어떻게 생각할까요? 우주가 팽창하는 것은 분명한 사실입니다. 은하와 은하 사이의 거리가 멀어지고 있으니까요. 하지만 이러한 우주의 팽창에도 우주가 한결같이 똑같은 모습을 가지려면 팽창하는 공간에 물질이 끊임없이 생겨나야 합니다.

즉, 우주에 빈 공간이 생기면 그곳에 물질이 연속적으로 만

들어져 우주는 그 형태를 비슷하게 유지하게 되지요. 이렇게 우주 공간 속에 물질이 끊임없이 만들어진다고 해서 정상 우주론을 연속 창조설이라고도 부릅니다.

## 빅뱅 우주론과 정상 우주론의 대결

거의 같은 시기에 완전히 정반대되는 2개의 우주론이 등장했습니다. 하나는 우주의 나이를 유한하다고 보는 빅뱅 우주론, 또 하나는 우주의 나이를 무한하다고 보는 정상 우주론이지요. 그렇다면 어떤 이론이 승리했을까요?

두 이론의 대결은 1950년대 천문학자들 사이에 큰 관심을 불러일으켰고 이 일로 천문학계는 빅뱅 우주론을 지지하는 사람들과 정상 우주론을 지지하는 사람들로 나누어졌습니다. 그러나 어느 쪽도 확실한 증거를 확보하지는 못했지요.

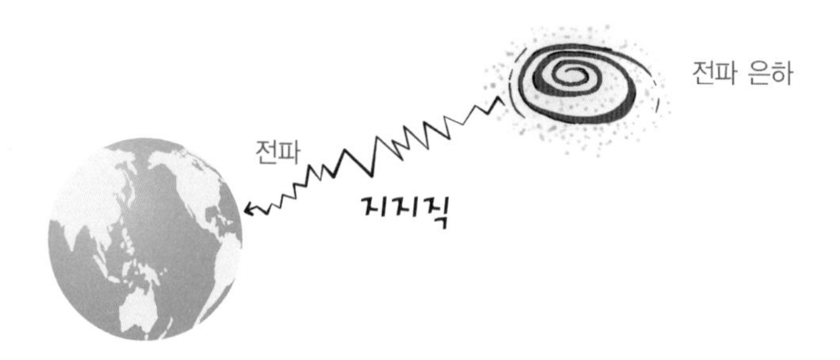

그러던 중 1950년대 말, 우리 은하에서 멀리 있는 은하 중에서 전파를 내는 은하가 발견되었는데, 이 은하를 전파 은하라고 불렀어요. 그런데 이상한 것은 먼 곳에는 전파 은하들이 많은데, 우리 은하 근처에는 전파 은하가 하나도 없다는 점이었어요.

먼 곳의 은하에서 온 빛은 우리에게 오기까지 오랜 시간이 걸립니다. 즉, 먼 곳에 있는 전파 은하는 과거의 은하이고 우리 은하 근처에 있는 은하는 현재에 가까운 시대의 은하입니다. 그럼 왜 과거에는 전파를 내는 전파 은하가 많았는데 지금은 전파 은하가 없을까요?

이 문제는 우주의 은하들이 시간에 따라 달라지고 있다는 것을 뜻합니다. 따라서 우주가 빅뱅 이후 팽창하면서 그 모습이 달라진다고 주장하는 빅뱅 우주론으로는 설명이 됐지만, 항상 우주가 같은 모습이라는 정상 우주론으로는 설명이 곤란했던 거지요.

그 뒤 1960년대 중반에 우주 저 먼 곳에서 전파 은하보다 훨씬 더 강력한 에너지를 뿜어내는 퀘이사라는 천체가 발견되었습니다. 이때에도 우리 은하 근처에서는 퀘이사를 발견할 수 없었습니다. 이 발견으로 정상 우주론의 패색이 짙어지게 되었지요.

## 우주 배경 복사선

1965년, 가모(George Gamow, 1904~1968)는 비틀거리는 정상 우주론에 마지막 KO 펀치를 날렸습니다. 가모는 초기 우주의 뜨거운 흔적이 지금의 우주 속에 남아 있을 것이라고 생각했지요. 즉, 태초의 우주에서 나온 빛이 현재의 우주에 존재한다는 거였지요.

이 빛은 우주 배경 복사선이라고 하며, 현재에도 우리에게 오고 있습니다. 빅뱅 이론에 의하면 우주는 팽창하면서 온도가 내려갔을 것입니다. 그러므로 빛도 파장이 매우 길어졌을 것입니다.

이 상황은 다음과 같이 간단하게 비유할 수 있습니다.

아주 추운 날 철수는 따뜻한 코코아를 들고 걸어서 30분 걸리는 영희네 집에 갑니다. 처음 코코아의 온도는 100℃였지만 그날은 온도가 영하의 추운 날씨였기 때문에, 철수가 영희네 집에 도착했을 때에는 코코아의 온도가 아주 차가워져 있었습니다.

이와 마찬가지예요. 아주 뜨거웠던 태초 우주에 만들어진 빛은 150억 년 동안 차가운 우주를 여행하면서 에너지가 작아져 긴 파장의 빛으로 변한 것이지요.

이러한 우주 배경 복사선의 존재는 정상 우주론으로는 결코 설명할 수 없으므로 만일 이 복사선이 관측된다면 그것은 빅뱅 우주론의 승리라고 볼 수 있겠지요.

우주 배경 복사선은 우주 팽창에 의해 파장이 길어진 태초의 빛입니다. 파장이 길어졌다는 말은 에너지가 작아졌다는 이야기이고 온도가 낮아졌다는 이야기이므로, 우주는 팽창을 통해 식어 가고 있다는 말이 되지요. 그 때문에 지금 현재 우주의 온도는 −270℃로 아주 차갑지요.

## 우주 배경 복사선의 발견

미국의 뉴저지 주에 위치한 벨 연구소의 펜지어스(Penzias, 1933~ )와 윌슨(Wilson, 1936~ )은 인공위성에서 발생된 텔레비전 음향을 방해하는 낮은 방해 전파를 연구하는 일을 하고 있었습니다. 그들은 방해 전파를 수신하기 위해 거대한 뿔 모양의 전파 망원경을 만들었지요.

이 망원경은 그다지 큰 망원경은 아니었지만 짧은 파장의 빛인 마이크로파를 수신할 수 있었습니다.

그러던 어느 날 그들은 확인되지 않은 이상한 전파를 수신했습니다. 그들은 이 전파를 없애려고 했습니다. 그러기 위해서는 먼저 그 전파가 어디에서 오는지를 알아야 했지요.

펜지어스와 윌슨은 이 전파가 외부 은하, 주변 도시, 지구에서 오는 것일지도 모른다고 생각했어요. 하지만 전파는 어느 방향에서도 항상 일정했습니다. 만일 전파가 특정한 곳으로부터 온 것이라면 방해 전파의 세기는 이 망원경의 방향에 따라 달라져야 하지요.

그런데 모든 방향으로부터 일정한 세기의 전파가 수신되고 있다면 특정한 방향에 있는 외부 은하나 뉴저지 주변의 큰 도시에서 오는 전파는 아니라는 이야기가 됩니다.

펜지어스와 윌슨은 전파가 증폭기에서 온 것이 아닌가 하는 의문을 품었지만 점검 결과 그렇지 않다는 것이 확인되었습니다.

마지막으로 그들은 안테나를 살펴보았습니다. 안테나를 분리해 깨끗하게 세척한 뒤 모든 나사들을 알루미늄 테이프로 감았습니다. 그럼에도 전파는 여전히 수신되었습니다.

이들 모두를 제거하여도 여전히 전파가 모든 방향에서 일정하게 수신되었습니다. 결국 펜지어스와 윌슨은 전파가 우주 공간에서 오는 것이며, 우주 태초에 아주 뜨거운 물질에서 발생하는 빛이라는 결론을 내리게 되었습니다.

이것은 바로 가모가 예언한 우주 배경 복사선으로 그 온도를 계산한 결과, 우주의 현재 온도는 −270℃임이 확인되었

습니다. 따라서 이 우주 배경 복사선의 관측은 우주가 아주 뜨거운 상태에서 생겨 팽창을 통해 식어 왔다는 빅뱅 우주론에게 승리를 가져다주었지요.

## 코비 프로젝트

1980년 발사된 코비 위성의 주요 임무는 우주 배경 복사선에 대한 정밀 관측이었습니다. 이 계획을 코비(COBE) 프로젝트라고 부르는데, 이 프로젝트는 미국 항공우주국(NASA)의 지원을 받아 이루어졌지요.

코비 프로젝트는 우주 배경 복사선에 대한 몇 가지 의문을 해결하는 것이 주목적이었습니다. 첫째는 우주 배경 복사선이 진짜로 -270℃에 해당하는 빛인가 하는 문제였고, 둘째는 우주 배경 복사선이 어느 방향으로부터도 일정한가 하는 문제였습니다.

드디어 1989년 11월, 코비 위성은 델타 로켓에 실려 반덴버그 공군 기지에서 발사되어 지구 상공 900km에 올려졌습니다. 코비 위성은 이 위치에서 지구를 공전할 뿐 아니라 1분에 0.8회 정도 자전을 하면서 모든 방향으로부터의 우주 배경 복사선을 관측했습니다.

코비 위성이 보내 온 정보로부터 99%의 정확도로 우주 배경 복사선이 −270℃에 해당하는 빛이라는 것이 확인되었습니다. 또한 코비 위성은 우주 배경 복사선이 어느 방향으로부터도 일정하다는 사실을 확인시켜 주었습니다.

## 만화로 본문 읽기

아니, 철수야, 모처럼 의 우주여행인데 왜 그러고 있니? 무슨 고민거리라도 있니?
아뇨. 아빠 우주에 대해 많은 걸 알게 되니까 오히려 궁금한 것이 더 많아졌어요. 제일 궁금하건 우주의 탄생이에요.

후후, 확실한 건 신만이 아시겠지만, 과학자들이 생각하는 것은 이렇단다. 최초의 우주는 한 점에 전체 질량이 모여 있다가 압력을 이기지 못하고 폭발해서 점점 팽창했다는 것이지. 이것을 빅뱅 이론이라고 하지.
빅뱅

또 다른 정상 우주론이라는 의견도 있었단다. 즉 우주가 옛날에도 지금과 같은 모습이었으며 앞으로도 지금과 같은 모습을 유지할 것이라는 주장이지.
어? 하지만 우주는 팽창하고 있다고 하셨잖아요.
우리는 항상 똑같아.

물론이지. 정상 우주론에서는 우주가 팽창해도 팽창하는 공간에 어떤 물질이 연속적으로 만들어져 모습이 과거와 똑같아진다고 주장했지. 그래서 정상 우주론을 연속 창조설이라고도 부르기도 하지.
그럴 수도 있겠는걸요.

그렇지? 그런데 말이다, 은하 중에서 전파를 내는 전파 은하가 이상하게도 먼 곳에는 많은데 우리 은하 근처에는 하나도 없었다는 사실이 밝혀졌단다.
네? 그게 무슨 의미가 있나요?
전파
전파 은하

먼 은하에서 온 전파는 우리에게 오기까지 오랜 시간이 걸리지. 우리 은하 근처에 있는 은하는 현재에 가까운 시대의 은하이니까, 은하가 변한다는 증거가 된 것이지.
아, 그러니까 정상 우주론이 맞지 않는단 말이군요.
이겼다~
빅뱅 이론
정상 우주론

여덟 번째 수업

8

# 인플레이션 우주론

우리 우주에는 왜 반입자가 거의 없을까요?
인플레이션 우주론에 대해 알아봅시다.

여덟 번째 수업

# 인플레이션 우주론

| 교과연계 | | |
|---|---|---|
| 교. | 초등 과학 5-2 | 7. 태양의 가족 |
| 과. | 중등 과학 2 | 3. 지구와 별 |
| | 중등 과학 3 | 7. 태양계의 운동 |
| 연. | 고등 지학 Ⅰ | 3. 신비한 우주 |
| 계. | 고등 지학 Ⅱ | 4. 천체와 우주 |

허블이 빅뱅 우주론에 대해
다시 한번 설명하며
여덟 번째 수업을 시작했다.

우리는 지난 시간에 빅뱅 우주론에 대한 이야기를 했습니다. 빅뱅 우주론에 의하면 우주는 한 점에서 폭발하여 지금의 우주로 천천히 팽창해 왔습니다.

빅뱅 우주론은 우주의 진화를 완벽하게 설명하는 것처럼 보였습니다. 하지만 이 이론에서도 약간의 문제점이 발견되었습니다. 과연 문제점이 어떤 것이며, 어떻게 해결되는지 알아봅시다.

먼저 첫 번째 문제점에 대해 알아보겠습니다. 그것은 자기 홀극의 문제라고 부르지요.

자석은 N극과 S극의 양극을 가지고 있습니다.

허블은 N극이 파랗게, S극이 빨갛게 표시되어 있는 막대자석을 큰 망치로 내리쳤다. 자석은 빨간 부분과 파란 부분으로 나뉘었다. 허블은 파란 부분을 손에 들고 학생들에게 말했다.

내 손에 들고 있는 자석은 N극만 있을까요?

_ 아닙니다. N극과 S극이 있습니다.

그렇습니다. 자석의 극을 둘로 나눌 수는 없습니다. 전기는 양(+)전기와 음(−)전기로 나눌 수 있지만, 자석은 N극과 S극을 분리할 수 없습니다.

만일 이 일이 가능하다면, 자석의 한 극으로 이루어진 물질을 자기 홀극이라고 합니다. 그렇다면 우리의 우주에는 자기 홀극이 없을까요? 이것이 바로 첫 번째 의문입니다.

## 반입자

이번에는 반입자에 대해 이야기하겠습니다. 모든 입자는 자신의 짝을 가지는데 그것이 바로 반입자랍니다. 전자의 반입자를 양전자라고 하는데, 양전자는 전자와 질량이 같고 전기량도 같은데 전기의 부호만 반대입니다. 전자는 음전기를, 양전자는 양전기를 띠고 있습니다.

마찬가지로 양성자에도 자신의 짝인 반양성자가 있습니다. 반양성자 역시 양성자와 질량이 같고 전기량도 같지만 전기의 부호가 달라 반양성자는 음전기를 가지고 있습니다.

수소는 전자가 양성자 주위를 도는 모습입니다. 그렇다면 양전자가 반양성자 주위를 도는 수소도 있겠지요? 그것을 반수소라고 부릅니다.

그렇다면 입자와 반입자가 만나면 어떤 일이 벌어질까요? 결과는 모두가 죽게 됩니다. 그러니까 입자가 반입자와 부딪치면 둘 다 사라지고 에너지가 큰 빛만이 나오게 되는 것입니다. 이런 빛을 감마선이라고 부릅니다. 물론 반대로 감마선으로부터 입자와 반입자의 쌍을 만들어 낼 수도 있습니다.

태초의 우주에는 빛이 없었습니다. 입자와 반입자들만 있었지요. 이들은 서로 충돌하여 사라지면서 우주에 빛을 만들

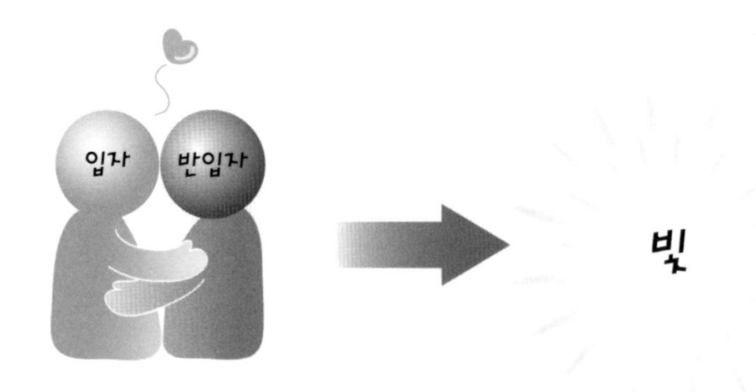

었습니다.

그러므로 두 번째 의문은 반입자와 관계됩니다. 태초의 우주에서 모든 반입자들이 입자들과 충돌하지는 않았을 텐데 왜 우리의 우주에서는 반입자가 거의 발견되지 않을까요? 이것 역시 해결해야 하는 문제이지요.

## 보이드

우주가 한 점에서 빅뱅을 일으켜 부드러운 팽창을 하여 지금의 우주가 되었다면 우주의 모든 곳에 성간 물질들이 골고루 있어야 합니다. 하지만 우주에는 물질이 많이 모여 있는 은하도 있고 물질이 전혀 없는 보이드라는 지역도 있습니다.

이것이 바로 세 번째 문제입니다. 이 문제는 빅뱅 후에 부드러운 팽창을 하였다는 것만으로는 설명이 부족합니다.

정상 우주론을 믿는 과학자들은 우주 속에서 물질이 끊임없이 만들어지지만 그 속도가 느리기 때문에 보이드로 보이는 지역이 생기는 것이라고 합니다. 그러므로 우주가 나이를 더 먹으면 보이드에도 물질이 생겨 은하가 만들어질 수도 있다고 생각하는 것이지요.

## 인플레이션 우주론

하지만 정상 우주론으로는 자기 홀극이나 반입자가 없어진 이유를 설명하기 어렵습니다. 이 문제를 해결하기 위해 1980년, 구스(Guth, 1947~ )는 빅뱅 우주 모형에 인플레이션 이론을 넣어야 한다고 주장했지요.

인플레이션이라는 단어는 경제학에서 들어보았지요? 인플레이션은 화폐의 가치가 폭락하여 물건을 살 때 엄청나게 많은 양의 화폐를 지불해야 하는 상황을 말하죠.

우주론에서 인플레이션 이론이란 빅뱅이 일어나는 아주 짧은 시간 동안 우주가 갑자기 아주 크게 팽창하는 것을 말합니

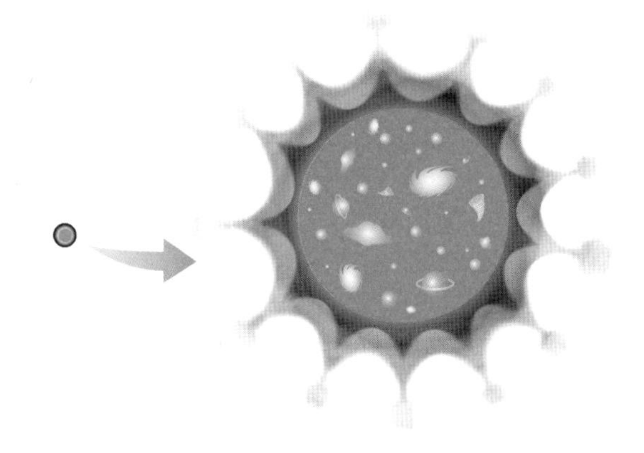

다. 우주는 아주 짧은 순간 동안 큰 팽창을 하여 처음 우주 크기의 수십 제곱 배의 크기가 되었다는 것이지요.

인플레이션 이론대로라면 우리가 현재 관측하는 우주는 인플레이션이 일어난 우주의 극히 일부분입니다.

우리는 공 모양의 지구 위에서 살고 있지만 사는 동안에 지구가 공 모양임을 잘 느끼지 못합니다. 그것은 지구의 크기에 비해 아주 작은 지역만을 볼 수 있기 때문입니다.

인플레이션 이론은 우주 배경 복사선이 어떤 방향에서도 일정하다는 사실을 설명해 줍니다. 관측자의 왼쪽과 오른쪽에서 오는 2개의 우주 배경 복사선은 만일 인플레이션이 일어나지 않았다면 같지 않아야 합니다. 그런데 펜지어스와 윌슨의 관측에 의하면 어느 방향으로부터도 우주 배경 복사선은 일정했지요. 이것은 원래 왼쪽으로부터 온 우주 배경 복사선의 진원지와 오른쪽으로부터 온 진원지가 우주 초기에는 서로 접촉하고 있었는데 인플레이션에 의해 우주가 급팽창을 해서 갈라진 것으로 볼 수 있습니다.

인플레이션은 왜 일어났을까요? 또 인플레이션을 일으킨 에너지는 무엇일까요? 이것은 태초의 우주가 엄청난 온도와

압력의 상태였기 때문에 우주의 급격한 상태 변화를 일으킨 것입니다.

예를 들어, 기체 상태인 수증기가 액체 상태인 물로 변하는 것이 상태 변화이지요. 이때 열이 발생하듯이 우주의 상태 변화에서 엄청난 열이 발생하고 이 에너지가 순간적인 우주의 급격한 팽창인 인플레이션을 일으킨 거지요.

인플레이션 이론은 빅뱅 우주론의 중요한 문제점들을 모두 해결하여 빅뱅이 일어나고 바로 인플레이션이 일어났다는 우주 모형을 만들어 주었습니다. 그 뒤로는 물론 우주의 부드러운 팽창이 계속되고 있지요.

## 만화로 본문 읽기

빅뱅 이론은 우주의 진화를 완벽하게 설명할 수 있나요?
아니. 빅뱅 이론에서도 약간의 문제점이 발견되었어.

막대자석을 망치로 깨뜨리면 빨간 부분과 파란 부분으로 나누어지지만 자석의 극을 둘로 나눌 수는 없지.
전기는 (+)전기와 (−)전기로 나눌 수 있지만, 당연히 자석은 N극과 S극을 분리할 수가 없잖아.
S
N
만일 자석의 극을 둘로 나눌 수 있다면 자석의 한 극으로 이루어진 물질을 자기 홀극이라고 해요. 그렇다면 우주에는 자기 홀극이 있을까?
그것이 바로 첫 번째 의문이야.
N
S
자기 홀극
N
S

두 번째 의문은 반입자와 관계있어.
나는 전자

나는 양전자
모든 입자는 자신의 짝인 반입자를 가지고 있잖아요. 전자의 반입자는 양전자, 마찬가지로 양성자에도 자신의 짝인 반양성자가 있죠.

입자가 반입자와 부딪치면 둘 다 사라지고 감마선만 나오지요. 태초의 우주에서 충돌하지 않은 반입자도 있었을 텐데, 왜 지금은 반입자가 거의 발견되지 않을까?
그것이 두 번째 의문이군요? 그 문제들은 해결할 수 없나?

이 문제를 해결하기 위해 1980년, 구스는 빅뱅 우주 모형에 인플레이션 이론을 넣어야 한다고 주장했지요. 인플레이션 이론대로라면 현재 관측하는 우주는 인플레이션이 일어난 우주의 극히 일부분이란다.
인플레이션 우주

마 지 막 수 업 9

# 우주의 진화

우리 우주의 끝은 어떻게 될까요?
우주의 진화에 대해 알아봅시다.

9

마지막 수업

# 우주의 진화

교.
과.
연.
계.

| | |
|---|---|
| 초등 과학 5-2 | 7. 태양의 가족 |
| 중등 과학 2 | 3. 지구와 별 |
| 중등 과학 3 | 7. 태양계의 운동 |
| 고등 지학 I | 3. 신비한 우주 |
| 고등 지학 II | 4. 천체와 우주 |

## 허블이 아쉬워하며 마지막 수업을 시작했다.

우주에는 스스로 빛을 내는 물질과 스스로 빛을 내지 못하는 물질이 있습니다.

빛을 내는 물질은 주로 별들이지요. 별처럼 스스로 빛을 내는 물질을 밝은 물질이라 하고, 행성들처럼 스스로 빛을 낼 수 없어 어둡게 보이는 물질을 암흑 물질이라고 부릅니다.

과학자들은 우주의 밝은 물질의 질량을 알아냈지만 암흑 물질이 우주에 얼마나 많이 분포하는지에 대해서는 아직까지도 잘 모르고 있습니다.

은하는 엄청나게 많은 별들로 이루어져 있으므로 그 질량

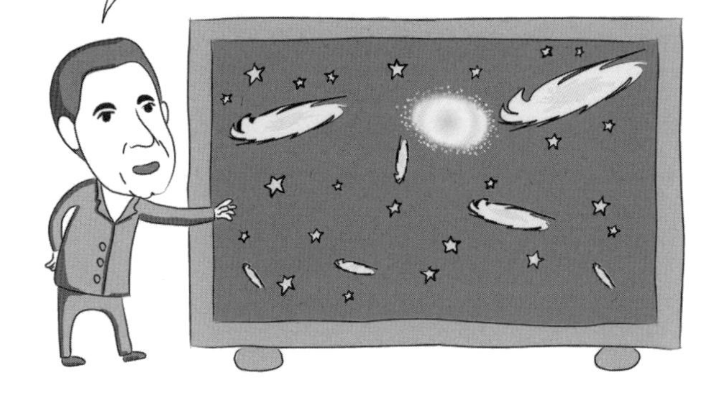


이 어마어마하게 큽니다. 그렇다면 우리 은하와 안드로메다 은하처럼 가까이 있는 은하들끼리는 만유인력에 의해 서로를 잡아당기게 될 텐데, 왜 두 은하는 달라붙지 않을까요?

물론 한 가지 이유는 우주가 팽창하면서 만유인력이 점점 약해지기 때문이라고 생각할 수 있습니다. 또 다른 이유로는 우리 눈에는 보이지 않는 암흑 물질이 있어 두 은하가 당겨지는 방향과 반대 방향으로 잡아당겨 균형을 유지하기 때문에 은하들이 달라붙지 않는다고 생각할 수 있습니다.

사실 우리 은하만 보더라도 눈에 보이는 별들의 질량은 전체 은하 질량의 절반 정도입니다. 즉, 나머지 절반의 질량은 암흑 물질이 차지하지요.

우리 은하와 같은 나선 은하는 불안정하여 은하 속의 별들이 우주로 도망쳐 은하의 구조가 깨질 수 있습니다. 하지만 거대한 공 모양의 암흑 물질이 우리 은하를 에워싸고 있어 우리 은하는 안정된 모습을 가지게 됩니다. 이런 거대한 공 모양의 암흑 물질을 헤일로(halo)라고 부르지요.

## 우리 우주의 진화

암흑 물질은 우주 모형과 어떤 관계가 있을까요? 암흑 물질은 우리 우주의 미래에 어떤 영향을 줄까요? 결론부터 이야기하면 우주에 암흑 물질이 얼마나 많이 있는가 하는 문제는 우리 우주의 진화와 우리 우주가 어떻게 죽음을 맞이하는가와 밀접한 관계가 있습니다.

앞에서 빅뱅 우주론과 인플레이션 우주론에 따라 우주가 점점 커져 왔다고 했습니다. 먼저 우리 우주가 어떻게 진화될 것인가에 대해 알아봅시다.

밀도는 질량을 부피로 나눈 값입니다. 그러면 우리 우주의 밀도는 얼마일까요? 우리 우주의 밀도를 알기 위해서는 우주

에 있는 모든 물질들의 질량을 알아야 합니다.

우리 우주는 밀도에 따라 죽을 때의 모습이 다릅니다. 우리 우주의 밀도가 어떤 특정한 값(임계 밀도)보다 작으면 우리 우주는 영원히 팽창하고, 그보다 크면 어떤 순간까지는 팽창을 계속하다가 다시 한 점으로 수축되지요.

현재까지 알려진 물질만으로 보면 우리 우주의 평균 밀도는 임계 밀도보다 작습니다. 그렇다면 우리 우주는 영원히 팽창할까요?

그렇지는 않습니다. 우주의 평균 밀도를 구할 때 빼먹은 질량이 있을지도 모르니까요. 만일 빼먹은 질량을 다 집어넣으면 평균 밀도가 커지므로 어쩌면 임계 밀도보다 더 커져 우리

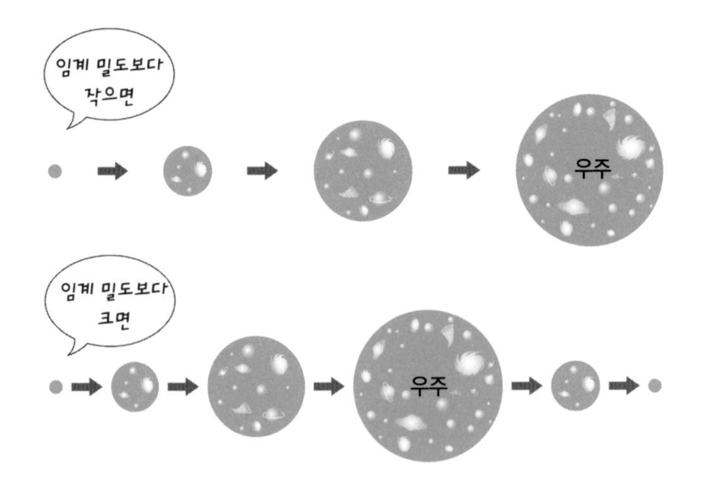

우주는 팽창한 뒤 다시 수축을 할지도 모릅니다.

이렇게 빼먹은 질량은 주로 암흑 물질입니다. 암흑 물질의 후보로 백색 왜성을 들 수 있습니다. 비교적 가벼운 별은 적색 거성으로 팽창한 뒤 중력에 의해 수축하여 백색 왜성이 됩니다.

백색 왜성은 잠시 남아 있는 핵융합 반응에 의해 빛나다가 더 이상 핵융합 반응을 일으키지 못하면 빛을 내지 못하므로 우리 눈에는 안 보이게 되지요.

과학자들은 이러한 암흑 물질의 질량이 눈에 보이는 물질 질량의 10배 이상일 거라고 추측하고 있습니다. 눈에 보이는 별들은 주로 가벼운 원소인 수소와 헬륨으로 이루어져 있습니다.

하지만 과학자들은 암흑 물질이 눈에 보이는 물질과 달리 우리에게 아직 관측되지 않은 새로운 입자들로 이루어져 있을 거라고 생각합니다. 그래서 여러분이 글을 읽고 있는 지금 이 순간에도 과학자들은 이런 새로운 입자를 발견하려고 노력하고 있지요.

## 만화로 본문 읽기

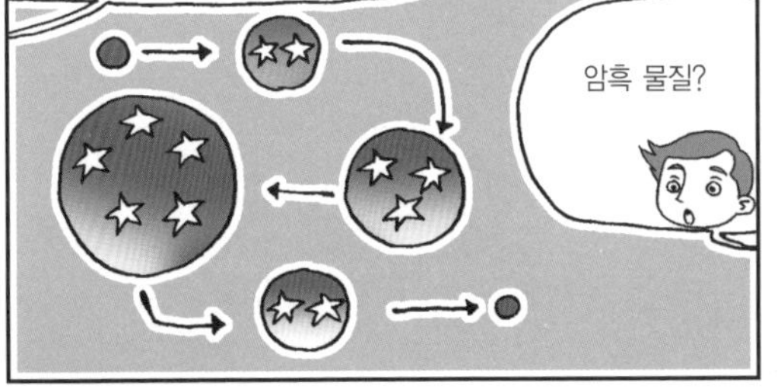

암흑 물질의 후보로 백색 왜성을 들 수 있는데, 가벼운 별은 적색 거성으로 팽창한 뒤 중력에 의해 수축하여 백색 왜성이 되고, 더 이상 핵융합 반응을 일으키지 못하면 우리 눈에는 안 보이게 돼.

가벼운 별 → 적색 거성 → 백색 왜성 → 암흑 물질

부 록

# 에디와 메르쿠

이 글은 저자가 창작한 과학 동화입니다.

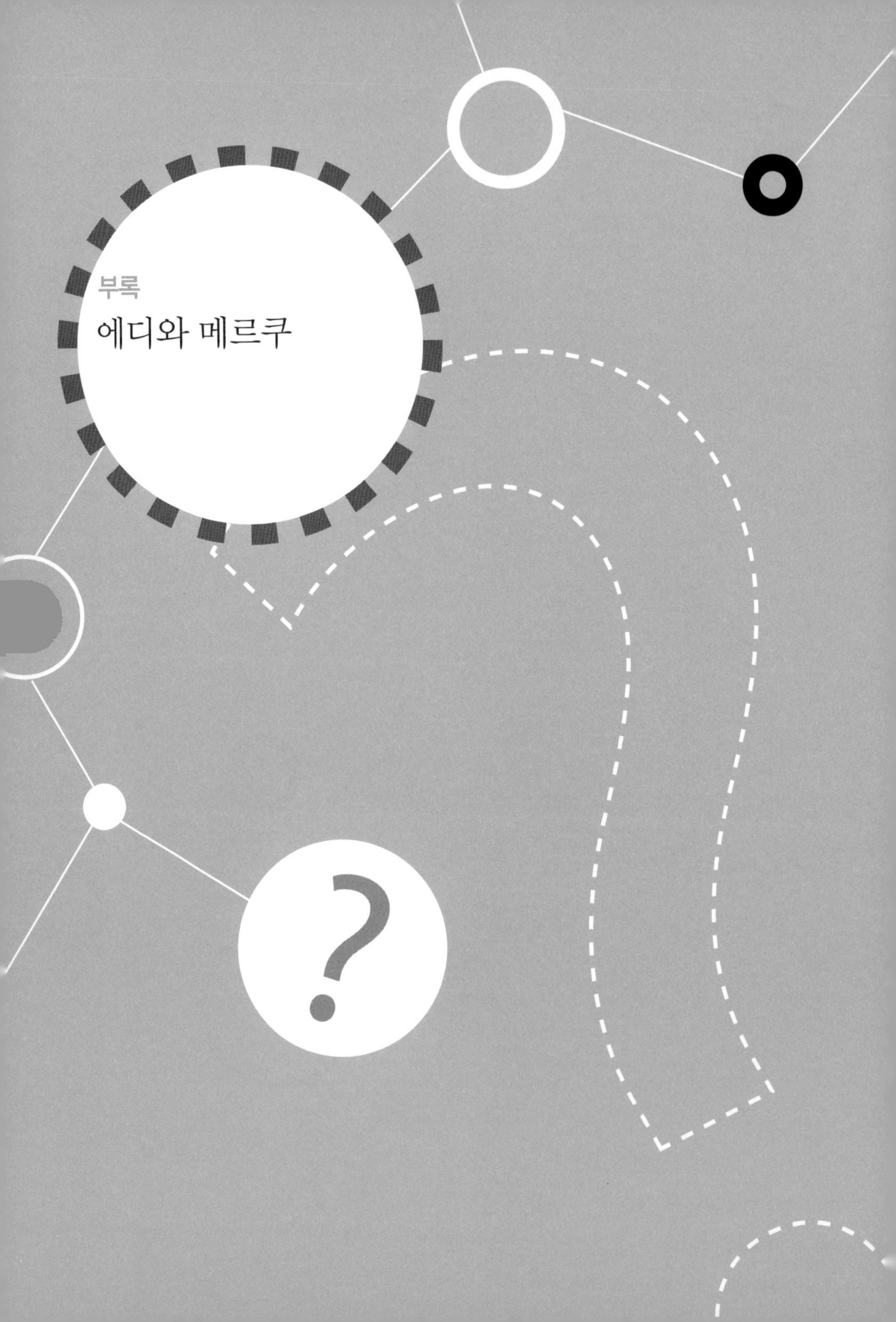

부록

# 에디와 메르쿠

# 지금으로부터 수십억 년이 지났다.

천체 물리학자인 에디 박사는 그날도 태양계를 망원경으로 관측하고 있었습니다.

"아니! 저럴 수가?"

에디 박사는 놀라서 입을 다물 수가 없었습니다.

점점 커져 버린 태양이 수성을 삼키고 만 것입니다.

"큰일이군! 이런 식으로 가다간 태양이 금성도 삼키고 결국에는 지구에 바짝 달라붙게 될 거야."

에디 박사는 지구의 미래가 불안하여 지구 공화국의 허블 대통령에게 달려가 이 사실을 알렸습니다. 그러자 대통령이

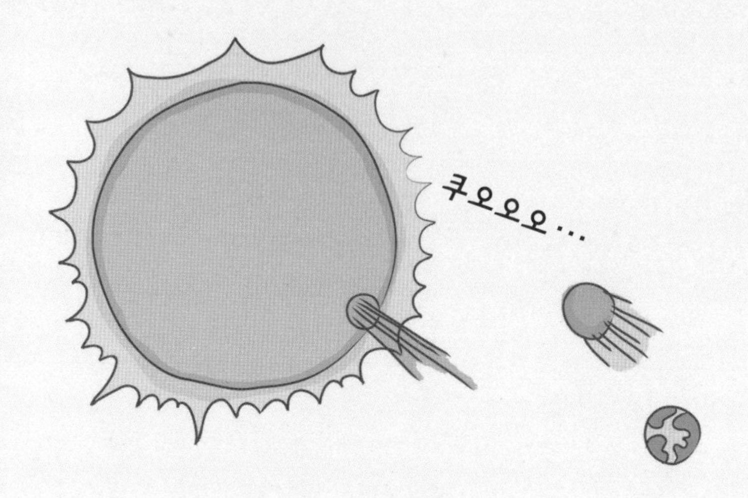


지구 비상 대책 위원회를 소집하였습니다.

먼저 에디 박사가 자신이 관찰한 상황을 보고했습니다.

"이런 식으로 태양이 커지다가 적색 거성으로 팽창하면 지구의 코앞으로 다가와 모든 생물체가 죽게 될 것입니다. 빨리 대책을 마련해야 합니다."

조용히 에디 박사의 이야기를 듣고 있던 대통령 직속 과학팀의 팀장인 코비 박사가 말했습니다.

"에디 박사의 주장은 확실하지 않고, 설령 그런 일이 일어난다 해도 지금 당장 일어날 리는 없으므로 벌써부터 야단법석을 떨 필요는 없다고 생각합니다."

코비 박사는 에디 박사와 오랫동안 라이벌 관계로, 두 사람은 그리 좋은 사이가 아니었습니다.

“그렇지 않습니다. 지구의 아름다운 역사를 영원히 이어 가기 위해서는 지금 당장 지구인 일부를 로켓에 태워 지구의 문명을 새롭게 개척할 만한 행성을 찾아 이주시켜야 합니다.”

에디 박사는 목소리를 높여 주장했습니다.

“저도 에디 박사의 의견에 동의합니다.”

호킹 과학부 장관이 에디 박사를 지지했습니다.

결국 에디 박사의 안건이 다수결에 의해 채택되어 지구인 일부를 태운 로켓을 우주로 보내기로 결정했습니다.

당시 가장 좋은 우주선에 실을 수 있는 최대 인원은 10명이었습니다. 그리하여 결국 5명의 젊은 남자와 5명의 여자를 선발하여 지구의 문명을 다른 은하의 다른 행성에서 이어 나가는 임무를 맡기기로 결정했습니다. 물론 에디 박사 역시 남자 5명 가운데 1명이었지요.

그날 밤 에디 박사는 여자 친구인 마리의 집으로 찾아갔습니다.

"마리! 나와 함께 우주로 떠나자. 물론 우리가 문명을 새로 개척할 행성을 찾지 못할 수도 있어. 하지만 당신을 사랑하는 나를 믿고 같이 가지 않겠어?"

에디 박사는 결연한 표정으로 마리에게 말했습니다. 마리는 잠시 망설이긴 했지만 사랑하는 에디를 위해 함께 가기로 결정했습니다.

드디어 10명의 젊은 남녀가 로켓을 타게 되었습니다. 로켓은 우리 은하를 벗어나 가장 가까운 외부 은하인 안드로메다 은하로 향했습니다. 하지만 우주가 너무 많이 팽창되어 당초

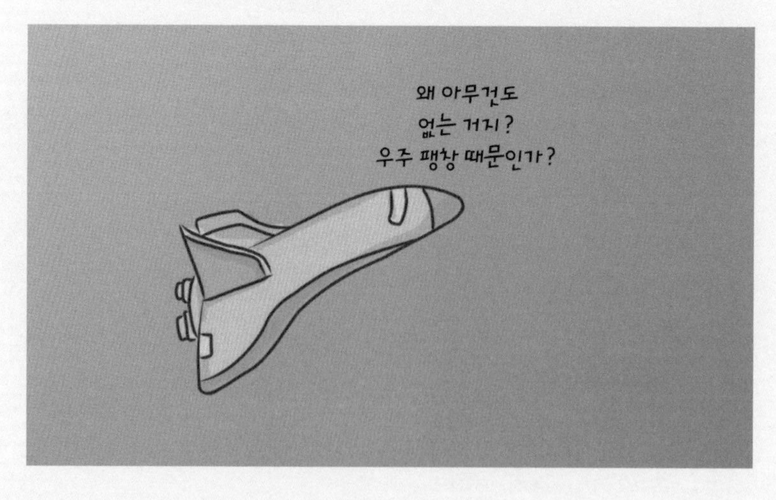

안드로메다은하가 있어야 할 지역에는 아무 것도 없는 암흑뿐이었습니다.

그래서 할 수 없이 로켓의 수동 조정 장치를 이용하여 안드로메다은하를 찾아 나서게 되었습니다.

그들이 안드로메다은하를 찾는 이유는 이 은하가 태양계가 속해 있는 우리 은하와 매우 비슷한 모습을 갖추고 있어 지구처럼 사람이 살 수 있는 행성이 있을 거라 여겼기 때문입니다.

하지만 아무리 돌아다녀도 안드로메다은하는 보이지 않았습니다. 우주가 팽창하여 은하와 은하 사이의 거리가 너무 멀어졌기 때문이지요.

"에디 박사! 온도 조절 장치에 이상이 있어."

함께 탑승한 키쿠가 다급하게 말했습니다.

에디는 온도 조절 장치로 달려갔습니다. 온도 조절 장치는

겨우 1시간 정도만 버틸 수 있었습니다.

"큰일이군! 1시간 뒤에는 우주선 내부 온도가 떨어질 거야. 우주 온도가 −270℃이니까 이러다 모두 얼어붙어 버리겠군!"

에디는 걱정스러운 표정으로 온도 조절 장치를 바라보았지만 새로운 에너지원을 확보할 수 있는 마땅한 방법이 없었습니다.

1시간 뒤 우주선의 온도는 점점 떨어지기 시작했습니다.

"너무 추워!"

마리가 몸을 부들부들 떨며 말했습니다.

"마리, 기운을 내!"

에디는 마리를 감싸 안으며 말했습니다. 하지만 마리의 몸

은 점점 싸늘하게 식어 가고 있었습니다. 에디의 정성 어린 간호에도 결국 마리는 추위로 죽고 말았습니다.

"마리! 미안해."

에디는 눈물을 흘리며 마리를 데리고 온 것을 후회했습니다.

남은 사람들도 거의 자포자기 상태였습니다. 그때 키쿠가 에디에게 달려와 말했습니다.

"에디! 블랙홀에 우주선이 빨려들어 가고 있어."

"탈출할 방법은?"

에디가 물었습니다.

"없어. 역추진시킬 만한 연료가 하나도 남지 않았어."

키쿠가 고개를 떨어뜨리며 말했습니다.

모두들 조종석으로 몰려와 유리창으로 블랙홀의 입구를 바라보았습니다.

결국 로켓은 거대한 블랙홀 속으로 빨려들어 갔습니다.

"으악!"

사람들이 모두 비명을 질렀습니다. 우주선이 블랙홀로 들어가면서 중력이 강해져 귀에 이상이 왔기 때문이지요. 급기야 블랙홀의 강한 중력 때문에 모두 기절했습니다.

얼마 뒤 에디가 먼저 깨어나 동료들을 찾아보았습니다. 남은 9명 중에서 6명은 목숨을 잃고 에디와 키쿠, 그리고 키쿠

의 여자 친구인 웬디만이 남아 있었습니다.

블랙홀을 빠져나온 곳은 지구와 비슷한 크기의 조그만 행성이었습니다. 그런데 하늘은 오렌지색이고, 태양은 노란빛이 아니라 파랗게 빛나고 있었습니다.

"여기가 어딜까?"

에디는 주위를 두리번거렸습니다. 다행히 대기가 있고 대기 속에 산소가 있어 숨은 쉴 수 있었습니다.

그때 저 멀리서 누군가가 걸어오는 소리가 들렸습니다. 세 사람은 소리가 나는 곳을 쳐다보았습니다.

"마리!"

에디는 깜짝 놀라 소리쳤습니다. 걸어온 사람은 틀림없는 마리였기 때문이지요.

"마리는 죽었는데 어떻게 된 거죠?"

웬디가 이상하다는 듯 말했습니다.

"마리? 마리가 누구죠?"

그 여자가 말했습니다.

"당신은 마리……?"

에디가 말을 더듬거렸습니다.

"나는 X행성에 사는 메르쿠예요. 마리라는 여자와 제가 닮았나 보죠?"

메르쿠는 작은 소리로 웃으면서 말했습니다.

"어떻게 이렇게 닮을 수가……."

모두들 놀라 입을 다물지 못했습니다.

"혹시 지구에서 오셨나요?"

메르쿠가 미소를 띠며 물었습니다.

"그걸 어떻게?"

"우주선에 쓰여 있는 '지구 호'라는 글자를 봤어요."

"어쩜 이렇게 닮을 수가 있지요?"

에디가 눈을 크게 뜨고 물었습니다.

"당신들은 블랙홀에 빠졌지요?"

"맞아요"

"그 블랙홀은 웜홀을 통해 우리 행성으로 연결되어 있지요. 웜홀의 출구인 화이트홀을 통해 여러분은 우리 행성에 오게 된 거예요."

"그것과 당신이 마리와 비슷한 것과 무슨 관계가 있죠?"

"이곳은 지구로부터 300억 광년 떨어진 곳이에요. 우리 X

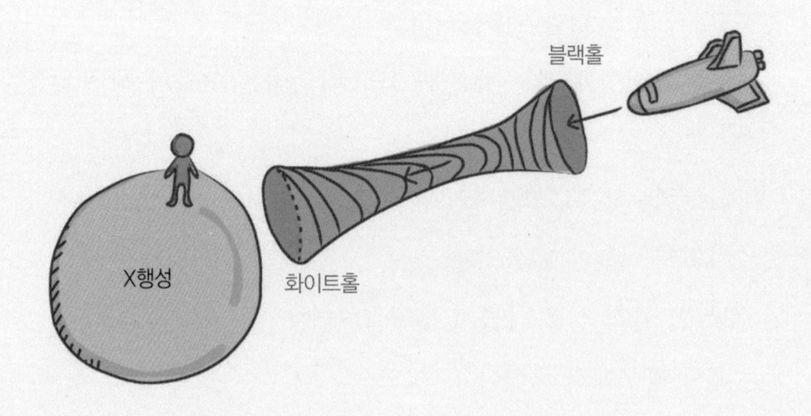

행성을 만든 물질과 지구를 만든 물질이 150억 년 전 우주가 빅뱅으로 처음 태어났을 때는 붙어 있었지요. 하지만 빅뱅 뒤 인플레이션이라는 급팽창이 일어나서 서로 반대편으로 날아가 버린 거죠. 그러니까 여러분은 지구와 거의 쌍둥이 행성이라고 볼 수 있는 X행성에 온 거예요."

메르쿠가 친절하게 설명해 주었습니다.

에디는 그제야 마리와 메르쿠가 닮은 이유를 조금 알 수 있었습니다.

그날 이후 에디와 키쿠, 그리고 웬디는 X행성에서 살게 되었습니다. 키쿠와 웬디는 서로의 사랑을 속삭이며 아름다운 X행성에서 즐거운 시간을 보냈지만, 마리를 잃은 에디는 매일 저녁 저물어 가는 파란 태양을 바라보며 눈물에 젖곤 했습니다.

그러던 어느 날 메르쿠가 에디를 찾아왔습니다.

“웬디가, 당신이 과학 분야의 지식이 아주 많은 사람이라고 말했어요. 우리 아이들에게 지구의 과학을 가르쳐 주세요.”

“좋아요. 한번 해 보죠.”

에디는 메르쿠를 따라 조금 지나 1층 건물로 갔습니다. 10여 명의 아이들이 교실에서 공부를 하고 있었습니다.

“여러분, 우리 X행성에서 300억 광년 떨어진 지구라는 행성에서 온 과학자 에디 선생님을 소개할게요.”

메르쿠의 소개에 아이들은 박수를 치며 에디를 환영해 주었습니다.

에디는 아이들에게 지구라는 행성에 대해, 그리고 지구가 속해 있는 태양계와 우리 은하에 대한 모든 이야기를 들려주었습니다. 아이들은 처음 들어 보는 낯선 행성에 대한 이야기에 귀를 기울였습니다.

에디의 수업이 끝나고 메르쿠의 과학 수업이 이어졌습니다. 메르쿠는 아이들에게 건전지를 보여 주면서 건전지의 양극에서 음극으로 양의 전기를 띤 알갱이가 흐르는 것이 전류라고 가르쳤습니다.

수업이 끝난 뒤 에디가 메르쿠에게 물었습니다.

“전류의 방향은 양극에서 음극이지만 실제로는 음의 전기

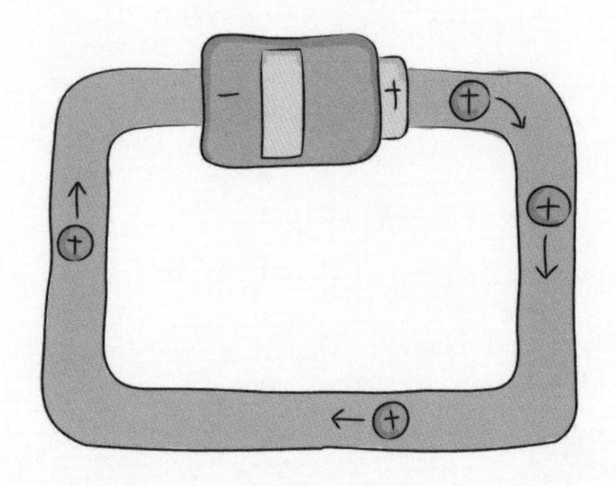


를 띤 전자가 음극에서 양극으로 이동하는 것이 아닌가요?"

"그건 지구의 과학이지요. 이곳은 지구와 달리 반입자가 많답니다. 그러니까 전자의 반입자인 양전자가 더 흔하지요. 양전자는 전자와 질량은 같고 양전기를 띤 알갱이를 말하는데, 이것이 흐르는 것이 바로 전류예요."

메르쿠의 설명에 에디는 우주 초기에 인플레이션으로 반입자들이 먼 곳으로 날아가 버려 지구에서는 반입자를 발견하기가 어렵다는 것을 깨달았습니다.

에디는 점점 X행성이 좋아졌습니다. 하지만 지구에 거의 없는 반입자가 있다는 것을 생각하면 조금 소름이 돋기도 했습니다.

다음 날도 에디의 수업은 이어졌습니다. 에디는 아이들에게 지구에서 가장 가까운 외부 은하인 안드로메다은하에 대한 이야기를 들려주었습니다. 아이들은 새로운 과학 지식을 공부하는 것에 대해 매우 즐거워했습니다.

이어서 메르쿠의 수업이 시작되었습니다.

"여러분, 이게 뭐죠?"

메르쿠는 빨간색과 파란색이 붙어 있는 막대자석을 아이들에게 보여 주며 말했습니다.

"자석입니다."

아홉 살 정도로 보이는 소년이 대답했습니다.

"맞아요. 파란색은 N극을, 빨간색은 S극을 나타내지요. 하지만 이렇게 2개의 서로 다른 극이 붙어 있는 자석만 있는 게 아니예요."

'N극과 S극이 붙어 있지 않은 자석이 있다고? 그런 건 없어. 자석은 아무리 작게 만들어도 한쪽은 N극, 또 다른 한쪽은 S극이 되어야 해.'

에디는 속으로 혼자 중얼거렸습니다.

메르쿠는 잠시 밖으로 나가더니 2개의 동그란 자석을 가지고 들어왔습니다. 공 모양의 자석들로 하나는 파란색, 다른 하나는 빨간색이었습니다.

메르쿠는 먼저 파란 공을 들고 말했습니다.

"이 파란 공은 N극만 있는 자석입니다. 이 공 속에는 S극이 없지요."

메르쿠는 다시 빨간 공을 집어 들고 아이들에게 물어보았습니다.

"그럼 이 공은 무슨 극만 있는 자석일까요?"

"S극만 있습니다."

아이들이 일제히 대답했습니다.

"자석이 두 개의 극으로 나누어진다고?"

에디는 깜짝 놀랐습니다.

수업이 끝난 뒤 메르쿠에게 2개의 자석 공을 빌려 서로 갖다 대자 두 공은 어느 부분이 닿아도 철커덕 달라붙었습니다.

"정말 파란 공은 모든 곳이 N극을, 빨간 공은 모든 곳이 S극만을 띠고 있군!"

에디는 지구에는 없는 신기한 자석에 매우 놀랐습니다.

"어떻게 이런 일이 가능하죠?"

에디는 메르쿠에게 물었습니다.

"그건 바로 인플레이션 때문이에요. 우리와 지구를 이루는 물질들이 붙어 있었을 때에는 이렇게 하나의 극만 가진 자석들이 골고루 퍼져 있었지만, 인플레이션으로 이런 자석들이 모두 날아가 버려 지구에서는 발견할 수 없게 된 거죠."

"인플레이션이 지구와 X행성을 다르게 만들었군요. 물론

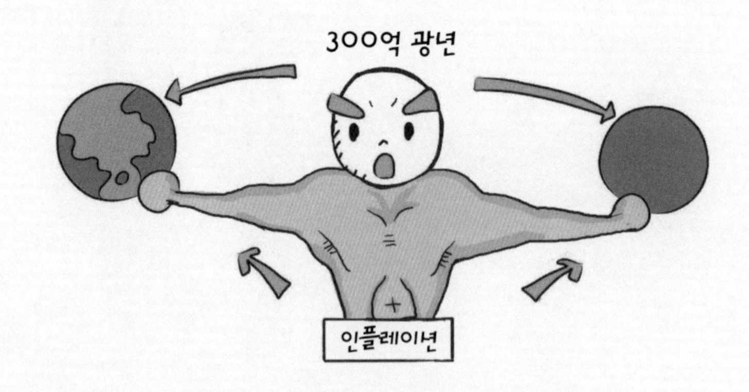

비슷한 점도 많지만……."

에디는 원래 붙어 있던 두 공간이 인플레이션으로 300억 광년 가량 떨어지면서 달라졌다는 것을 깨닫게 되었습니다.

두 사람은 과학 수업을 하는 사이에 점점 사랑이 싹텄습니다. 에디는 물론 메르쿠를, 마리를 닮은 여자가 아니라 메르쿠 자체로 좋아하게 된 것이죠. 두 사람은 수업이 끝난 뒤에는 드넓은 초원을 뛰어다니며 즐거운 나날을 보냈습니다.

그러던 어느 날, 에디가 메르쿠에게 사랑을 고백하며 메르쿠를 포옹하려고 했습니다.

"안 돼요!"

메르쿠가 뒤로 도망치며 소리쳤습니다.

"사랑하는데 왜 안 되죠?"

에디는 기분이 나빠졌습니다.

그날 이후 두 사람은 서먹서먹해졌습니다. 에디는 메르쿠가 자신을 사랑하지 않는다고 생각했습니다. 혼자가 된 에디는 점점 고향인 지구가 그리워졌습니다. 하지만 지구는 곧 사람이 살 수 없는 행성이 될 것이기에 돌아갈 수도 없었습니다.

"메르쿠! 왜 내 사랑을 받아 주지 않는 거죠?"

에디는 푸른 노을을 바라보며 메르쿠의 모습을 떠올렸습니다.

"에디! 에디! 큰일 났어."

다음 날 아침 키쿠가 에디를 깨웠습니다.

"무슨 일이야?"

에디는 졸린 눈을 반쯤 뜨고 대답했습니다.

"메르쿠가 아파."

"어디가?"

"그건 몰라. 의사 이야기로는 가망이 없대."

"안 돼, 메르쿠!"

에디는 자리를 박차고 일어나 메르쿠에게 달려갔습니다.

"메르쿠!"

에디가 소리쳤습니다.

하지만 침대에 누워 있는 메르쿠는 몸을 거의 움직일 수 없는 상태였습니다.

"에디! 사랑해요."

메르쿠는 기어들어가는 목소리로 말했습니다.

"메르쿠, 내가 잘못했어! 내가 당신을 얼마나 사랑하는데……."

에디는 울먹거리면서 말했습니다.

"에디! 할 말이 있어요. 그날 제가 당신의 포옹을 거절한 것은 당신은 입자로, 나는 반입자로 이루어져 있기 때문이에요. 당신도 아시다시피 입자와 반입자가 만나면 빛으로 소멸

되잖아요? 우리의 포옹으로 당신을 죽일 수는 없어요. 제 병은 제가 알고 있어요. 부디 이 X행성에서 지구의 문명과 우리 행성의 문명을 함께 발전시켜 주세요."

메르쿠는 있는 힘을 다해 간신히 말했습니다.

"메르쿠! 당신 없는 세상이 내게 무슨 의미가 있겠어요? 제발 죽지 말아요."

에디는 흐느끼며 울부짖었습니다.

잠시 뒤 에디가 키쿠와 웬디를 병실 밖으로 데리고 나갔습니다.

"키쿠, 웬디, 너희들이 나 대신 임무를 맡아 줘!"

에디가 굳은 표정으로 말했습니다.

"에디, 어떡하려고?"

키쿠가 두려워하는 표정으로 말했습니다.

그 순간 에디가 갑자기 병실로 뛰어들어갔습니다.

"메르쿠, 사랑해요!"

에디는 메르쿠를 힘껏 안았습니다.

그러자 눈 깜짝할 사이에 두 사람은 사라지고 밝은 빛이 유리창을 통해 우주로 날아갔습니다. 입자로 이루어진 에디와 반입자로 이루어진 메르쿠의 목숨을 건 아름다운 사랑의 최후인 셈입니다.

“에디! 메르쿠!”

키쿠와 웬디는 우주로 날아가는 빛줄기를 바라보며 두 사람의 이름을 크게 외쳤습니다.

과학자 소개

## 은하계의 성운을 관찰 연구한 허블Edwin Powell Hubble, 1889~1953

허블은 미국 미주리 주 마시필드에서 태어났습니다. 천문학에 매력을 느꼈으나, 부모님의 뜻에 따라 1910년 시카고 대학교를 졸업한 후 옥스퍼드 대학교에서 법률을 공부하였습니다.

졸업 후 변호사로 일하였으나 천문학에 대한 미련을 버리지 못해 변호사를 곧 그만두고 천문학을 공부하기 위해 다시 대학원에 들어가게 됩니다. 대학원에서 학위를 받은 다음 1914년부터 여키스 천문대에서 천체 관측에 몰두하였고, 제1차 세계 대전 후인 1919년 윌슨 산 천문대의 연구원이 되었습니다. 그곳에서 지름 252cm의 세계 최대 반사 망원경으로 성운을 관찰하는 일에 전념하였습니다.

허블은 윌슨 산 천문대에서 연구하면서 우리 은하 이외에 다른 은하들이 존재한다는 것을 발견하였고, 발견한 은하들을 형태에 따라 분류하였습니다. 그리고 자신이 관측한 사실을 연구하여 우주가 팽창하고 있다는 사실을 알게 되었습니다. 또한 자신의 연구 내용을 바탕으로 유명한 '허블의 법칙'을 발견하여 발표하기도 하였습니다.

허블은 은하들의 분포에 관한 연구를 평생 동안 계속하였으며, 그 연구 덕분에 수많은 상을 받았습니다.

1948년 팔로마 산 천문대에 508cm 망원경이 설치되자, 본격적으로 우주 탐사에 열중했습니다. 1953년 뇌졸중으로 쓰러져 세상을 떠나는 날까지 이 망원경으로 연구를 계속했습니다.

허블은 연구한 내용을 바탕으로 《성운의 세계》(1936)와 《우주론의 관측 입문서》(1937)라는 저서를 남겼습니다.

과학 연대표

# 언제, 무슨 일이?

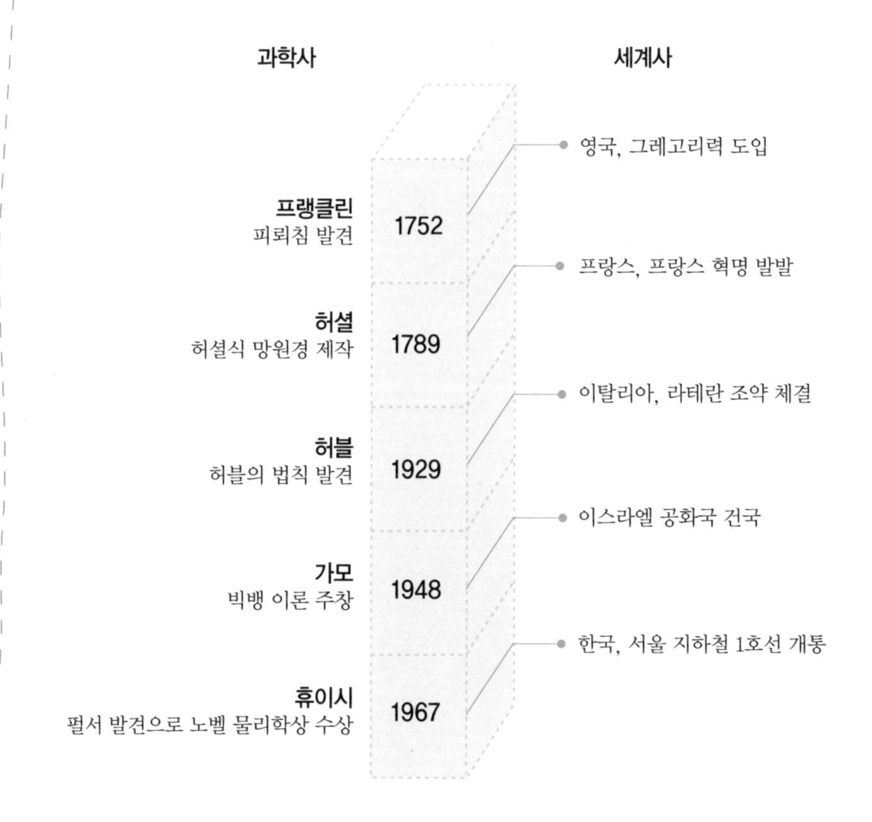

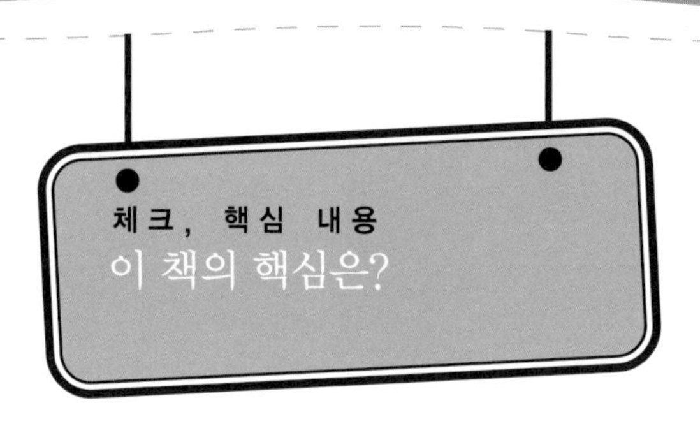


1. 지구를 중심으로 태양을 비롯한 다른 행성들이 돈다고 믿는 이론을 □□□이라고 부릅니다.
2. □□□는, 우주는 끝을 생각할 수 없는 무한 우주라고 주장했습니다.
3. 관측자로부터 멀어지는 파동은 파장이 길어지고 가까워지는 파동은 파장이 짧아진다는 주장이 □□□ □□입니다.
4. 지구로부터 150억 광년 이상 떨어진 곳의 별은 볼 수 없는데, 이 거리를 연결한 면을 □□ □□□이라고 부릅니다.
5. □□□□□은 우주가 팽창하지도, 수축하지도 않고 정지해 있다고 생각했습니다.
6. 태초의 우주는 한 점에 우주의 전체 질량이 모여 있으므로 엄청나게 밀도가 높고 부피가 작으며 압력이 큽니다. 그러고는 그 압력을 이기지 못해 폭발하는데, 이것을 □□이라고 합니다.
7. 우리 은하를 에워싸고 있는 거대한 공 모양의 암흑 물질을 □□□라고 합니다.

1. 천동설 2. 브루노 3. 도플러 효과 4. 우주 지평선 5. 아인슈타인 6. 빅뱅 7. 헤일로

이슈, 현대 과학

## 빅뱅 우주의 팽창 증거 발견

2006년 3월 16일 미국 항공우주국(NASA)의 과학자들은 우주 초기의 빅뱅 이후 남은 열을 측정하기 위해 2001년 발사된 우주 배경 복사 탐사 위성(WMAP)이 관측한 자료를 토대로 137억 년 전 빅뱅을 일으킨 우주가 1초도 채 되지 않는 순간 동안 원자보다 훨씬 작은 크기에서 천문학적인 크기로 팽창했다는 사실을 과학적으로 입증했습니다.

이번 관측에서 초기 우주에 발생한 빛을 극초단파의 형태로 발견했으며 이를 통해 아무것도 없는 진공의 바다로 생각되는 초창기 우주에서 미세한 온도 차이를 알아낼 수 있었습니다. 과학자들은 이 미세한 온도 차이가 물질을 만들어 낸 것으로 생각하고 있습니다.

WMAP의 관측에 따르면, 현재 우주 공간을 차지하는 물질 중 4%만이 스스로 빛을 내는 물질이고, 22%는 스스로 빛을 내지 않는 암흑 물질이며, 나머지 74%는 아직까지 밝혀지지 않은 미지의 암흑 에너지로 이루어져 있어, 현재도 우주가 팽창하고 있다는 것을 알아냈습니다.

WMAP 연구진은 우주의 나이는 137억 살이며 최초의 별이 빛나기 시작한 것은 빅뱅이 일어난 4억 년 후임을 알아냈습니다.

연구진은 빅뱅이 일어나고 약 30만 년 후에 발생한 우주 배경 복사선을 탐지하여 우주 팽창을 확인했습니다. 또한 이런 우주 배경 복사선의 아주 작은 밝기 차이를 관측함으로써 항성과 행성, 은하가 없었던 초기 우주에 존재했던 아주 작은 온도 차이를 알아낼 수 있었습니다.

한편 우주 초기의 팽창이 균일하지 않아 지역에 따라 팽창 속도가 빠른 곳도 있고 느린 곳도 있는데, 이러한 차이 때문에 물질이 뭉쳐져 항성, 행성, 은하들을 만들었다고 생각하고 있습니다.

찾아보기

# 어디에 어떤 내용이?